Gedichte

von

Friedrich Rückert.

Auswahl.

Leipzig.
G. J. Göschen'sche Verlagshandlung.
1897.

Vorwort.

Diese Ausgabe von Rückerts Gedichten enthält das Werthvollste, was der unsterbliche Sänger geschaffen hat. —

Sie wird, der Herausgeber ist davon überzeugt, den Beweis erbringen, daß Friedrich Rückert Deutschlands größter Lyriker ist.

Inhalt.

II.

Vaterland. Geschichte.

III.

Liebe.

IV.

Märchen. Parabeln. Volkssagen.

V.

Religion.

I.

Vermischte Gedichte.

An die Göttin Morgenröte.

Schöne Göttin Morgenröte,
Deren Hauch die Wolken küßt,
Die der Schäfer mit der Flöte,
Die der Hain mit Rauschen grüßt!
Liebst du wie in alten Tagen
Noch mit liebeglühter Brust
Herzuschaun von deinem Wagen
Nach der Erd' in frischer Lust?

Rasche Jäger, die vor allen
Gehen auf dem frühen Pfad,
Haben dir zumeist gefallen,
Wie man mir berichtet hat,
Von dem Jäger Orione,
Von dem Jäger Cephalus,
Und zuletzt von dem Tithone,
Der noch immer altern muß.

Denn du warst ihm so gewogen,
Vom Geschick hast du's erfleht,
Daß für ihn am Himmelsbogen
Nie das Leben untergeht;

Du vergaßest eine Tugend,
Schöne Göttin, zu erflehn,
Daß ihm müsse ew'ge Jugend
Neben ew'gem Leben stehn.

An den Strahlen deiner Gnade
Ist er altersmatt verstumpft;
Und sie sagen, zur Cicade
Sei er gar nun eingeschrumpft.
Lasse du den heischren Freier!
Hier bin ich, der singen kann:
Schlage deine duft'gen Schleier
Um mich her, und sieh mich an!

Trag' auf deinen Flammenrossen
Mich hinauf in's Sternenfeld,
Mich als blühenden Genossen
Mit dir über alle Welt;
Daß ich liebend bei dir stehe,
Hell von deinem Angesicht,
Und die Erde schimmern sehe,
Göttliche, in deinem Licht.

Ew'ges Leben mir zu geben,
Fleh' ich weislich nicht von dir;
Doch so lange währt das Leben,
Währe auch die Jugend mir!
Nicht die äußre, nicht'ge Jugend,
Um die innre fleh' ich dich,
Welche, Lieb' und Töne fugend,
Schöne Göttin, spiel' um mich.

Die Nachtigall.

Ich war in Nacht geboren
Als eine Nachtigall;
Es zwang die Kraft der Schmerzen
Schon früh aus jungem Herzen
Den liederreichen Schall.

Doch einsam, wo ich lebte,
Und düster war der Hain.
Kein Meister, der mich lehrte,
Kein Hörer, der mich ehrte;
Ich sang für mich allein.

Ich träumte wohl, daß draußen
Es gäbe Lebens viel,
Ich hätt' es mögen sehen,
Und dran vorüber gehen,
Doch kam ich nie zum Ziel.

Gelähmet war mein Fittich
Und ich in Einsamkeit;
Nur Geister, die mir rauschten,
Und Büsche, die mir lauschten;
Und tief in mir mein Leid.

Da kam ein Geist und führte
Mich doch in's Leben ein;
Nun bin ich mitten drinnen,
Und möchte nur entrinnen,
Ein Käfig ist's allein.

Warum erst, wenn verloren,
Erkennen wir das Glück?

Wer bringt mich aus dem Scheine
Des falschen Glücks in meine
Waldeinsamkeit zurück?

Dort Echo, der ich klagte,
Hat niemals mich verhöhnt;
Wem soll ich hier es sagen,
Wo meinen Herzensklagen
Kein Herz entgegen tönt!

Aus der Jugendzeit.

Aus der Jugendzeit, aus der Jugendzeit
Klingt ein Lied mir immerdar;
O wie liegt so weit, o wie liegt so weit,
Was mein einst war!

Was die Schwalbe sang, was die Schwalbe sang,
Die den Herbst und Frühling bringt;
Ob das Dorf entlang, ob das Dorf entlang
Das jetzt noch klingt?

„Als ich Abschied nahm, als ich Abschied nahm,
Waren Kisten und Kasten schwer;
Als ich wieder kam, als ich wieder kam,
War alles leer."

O du Kindermund, o du Kindermund,
Unbewußter Weisheit froh,
Vogelsprachekund, vogelsprachekund,
Wie Salomo!

O du Heimatflur, o du Heimatflur,
Laß zu deinem heil'gen Raum
Mich noch einmal nur, mich noch einmal nur
Entfliehn im Traum!

Als ich Abschied nahm, als ich Abschied nahm,
War die Welt mir voll so sehr;
Als ich wieder kam, als ich wieder kam,
War alles leer.

Wohl die Schwalbe kehrt, wohl die Schwalbe kehrt,
Und der leere Kasten schwoll;
Ist das Herz geleert, ist das Herz geleert,
Wird's nie mehr voll.

Keine Schwalbe bringt, keine Schwalbe bringt
Dir zurück, wonach du weinst;
Doch die Schwalbe singt, doch die Schwalbe singt
Im Dorf wie einst:

„Als ich Abschied nahm, als ich Abschied nahm,
Waren Kisten und Kasten schwer;
Als ich wieder kam, als ich wieder kam,
War alles leer."

Des Stromes Liebe.

Ich stürze meinen Wogenschwall
Durch grause Felsenklüfte,
Und meines Ganges Donnerhall
Vernehmen alle Lüfte.

Daß ich ein wilder Gießbach bin
Und hege keinen sanften Sinn,
Das mag ein jeder wissen.

In Fesseln thu' ich nimmer gut,
Und dulde keine Banden;
Und wer begegnet meinem Mut,
Der wird vor ihm zu Schanden;
Und wer sich mir entgegen stemmt,
Mich in der stolzen Freiheit hemmt,
Er muß den Frevel büßen.

Den Felsen, der in meiner Bahn
Sich keck entgegen türmet,
Fass' ich mit starken Armen an,
Er wird hinabgestürmet;
Das Blümlein aber, das gebückt
Auf meine Strudel niederblickt,
Darf ohne Scheu mich küssen.

Und dämpfen wollt' ich meinen Mut,
Wenn ich ein Quellchen fände,
Das willig seine klare Flut
Mit meinem Strom verbände;
Ich gäbe meinen wilden Sinn
Geduldig ihr in Fesseln hin,
Und lernte sanft zu murmeln.

Und wenn du denn das Quellchen bist,
Und wenn ich dir gefalle;
So sei mir froh als Braut gegrüßt,
So zeuch in meine Halle;

Mein Haus ist hochgewölbt und kühl,
Laß uns der Minne süßes Spiel
In seinem Schatten spielen.

Und wenn der wilde Schaum dich schreckt
Auf meines Reiches Fläche;
Sieh nur herein, der Schaum bedeckt
Kristallne Wasserbäche.
Rein komm' ich aus der Mutter Schoß,
Und keine trübe Lache floß
Mit meinem Strom zusammen.

So komm und laß mein Brausen dir,
Wie ich dich liebe, sagen.
Komm Braut, o komm, und laß von mir,
In meinem Arm dich tragen,
Von meiner stolzen Manneskraft
In hohem Lauf dahin gerafft
Zum Bett des Ozeanes.

An unsere Sprache.

Reine Jungfrau, ewig schöne,
Geist'ge Mutter deiner Söhne,
Mächtige von Zauberbann,
Du, in der ich leb' und brenne,
Meine Brüder kenn' und nenne,
Und dich selber preisen kann!

Da ich aus dem Schlaf erwachte,
Noch nicht wußte, daß ich dachte,

Gabest du mich selber mir,
Ließest mich die Welt erbeuten,
Lehrtest mich die Rätsel deuten,
Und mich spielen selbst mit dir.

Spenderin aus reichem Horne
Schöpferin aus vollem Borne,
Wohnerin im Sternenzelt!
Alle Höh'n hast du erflügelt,
Alle Tiefen du entsiegelt,
Und durchwandelt alle Welt.

Durch der Eichenwälder Bogen
Bist du brausend hingezogen,
Bis der letzte Wipfel barst;
Durch der Fürstenschlösser Prangen
Bist du klingend hergegangen,
Und noch bist du, die du warst.

Stürme, rausche, lispl' und säusle!
Zimmre, glätte, hau' und meisle,
Schaffe fort mit Schöpfergeist!
Dir läßt gern der Stoff sich zwingen,
Und dir muß der Bau gelingen,
Den kein Zeitstrom niederreißt.

Mach' uns stark an Geisteshänden,
Daß wir sie zum Rechten wenden,
Einzugreifen in die Reihn.
Viel Gesellen sind gesetzet,
Keiner wird gering geschätzet,
Und wer kann, soll Meister sein.

Die sterbende Blume.

Hoffe! du erlebst es noch,
Daß der Frühling wiederkehrt.
Hoffen alle Bäume doch,
Die des Herbstes Wind verheert,
Hoffen mit der stillen Kraft
Ihrer Knospen winterlang,
Bis sich wieder regt der Saft,
Und ein neues Grün entsprang. —

„Ach, ich bin kein starker Baum,
Der ein Sommertausend lebt,
Nach verträumtem Wintertraum
Neue Lenzgedichte webt.
Ach, ich bin die Blume nur,
Die des Maies Kuß geweckt,
Und von der nicht bleibt die Spur,
Wie das weiße Grab sie deckt.“ —

Wenn du denn die Blume bist,
O bescheidenes Gemüt,
Tröste dich, beschieden ist
Samen allem, was da blüht.
Laß den Sturm des Todes doch
Deinen Lebensstaub verstreun,
Aus dem Staube wirst du noch
Hundertmal dich selbst erneun. —

„Ja, es werden nach mir blühn
Andre, die mir ähnlich sind;
Ewig ist das ganze Grün,
Nur das einzle welkt geschwind.

Aber, sind sie, was ich war,
Bin ich selber es nicht mehr;
Jetzt nur bin ich ganz und gar,
Nicht zuvor und nicht nachher.

„Wenn einst sie der Sonne Blick
Wärmt, der jetzt noch mich durchflammt,
Lindert das nicht mein Geschick,
Das mich nun zur Nacht verdammt.
Sonne, ja du äugelst schon
Ihnen in die Fernen zu;
Warum noch mit frost'gem Hohn
Mir aus Wolken lächelst du?

„Weh' mir, daß ich dir vertraut,
Als mich wach geküßt dein Strahl;
Daß in's Aug' ich dir geschaut,
Bis es mir das Leben stahl!
Dieses Lebens armen Rest
Deinem Mitleid zu entziehn,
Schließen will ich krankhaft fest
Mich in mich, und dir entfliehn.

„Doch du schmelzest meines Grimms
Starres Eis in Thränen auf;
Nimm mein fliehend Leben, nimm's,
Ewige, zu dir hinauf!
Ja, du sonnest noch den Gram
Aus der Seele mir zuletzt;
Alles, was von dir mir kam,
Sterbend dank' ich dir es jetzt:

„Aller Lüfte Morgenzug,
Dem ich sommerlang gebebt,
Aller Schmetterlinge Flug,
Die um mich im Tanz geschwebt;
Augen, die mein Glanz erfrischt,
Herzen, die mein Duft erfreut;
Wie aus Duft und Glanz gemischt
Du mich schufst, dir dank' ich's heut.

„Eine Zierde deiner Welt,
Wenn auch eine kleine nur,
Ließest du mich blühn im Feld,
Wie die Stern' auf höh'rer Flur.
Einen Odem hauch' ich noch,
Und er soll kein Seufzer sein;
Einen Blick zum Himmel hoch,
Und zur schönen Welt hinein.

„Ew'ges Flammenherz der Welt,
Laß verglimmen mich an dir!
Himmel, spann' dein blaues Zelt,
Mein vergrüntes sinket hier.
Heil, o Frühling, deinem Schein!
Morgenluft, Heil deinem Wehn!
Ohne Kummer schlaf' ich ein,
Ohne Hoffnung aufzustehn."

Die Blume der Ergebung.

Ich bin die Blum' im Garten,
Und muß in Stille warten,

Wann und in welcher Weise
Du trittst in meine Kreise.

Kommst du ein Strahl der Sonne,
So werd' ich deiner Wonne
Den Busen still entfalten,
Und deinen Blick behalten.

Kommst du als Tau und Regen,
So werd' ich deinen Segen
In Liebesschalen fassen,
Ihn nicht versiegen lassen.

Und fährest du gelinde
Hin über mich im Winde,
So werd' ich dir mich neigen,
Sprechend: Ich bin dein eigen.

Ich bin die Blum' im Garten,
Und muß in Stille warten,
Wann und in welcher Weise
Du trittst in meine Kreise.

Bei Sonnenuntergang.

Fahr' wohl, o goldne Sonne,
Du gehst zu deiner Ruh';
Und voll von deiner Wonne
Gehn mir die Augen zu.

Schwer sind die Augenlider,
Du nimmst das Lied mit fort.

Fahr' wohl! wir sehn uns wieder
Hierunten oder dort.

Hierunten, wann sich wieder
Dies Haupt vom Schlaf erhob;
Dann blickest du hernieder,
Und freuest dich darob.

Und trägt des Tod's Gefieder
Mich statt des Traum's empor,
So schau' ich selbst hernieder
Zu dir aus höherm Chor,

Und danke deinem Strahle
Für jeden schönen Tag,
Wo ich mit meinem Thale
An deinem Schimmer lag.

Abendstille.

Die Schwalbe schwingt zum Abendliede
Sich auf das Stänglein unter'm Dach:
Im Feld und in der Stadt ist Friede,
Fried' ist im Haus und im Gemach.

Ein Schimmer fällt vom Abendrote
Leis' in die stille Straß' herein,
Und vor'm Entschlafen sagt der Bote,
Es werd' ein schöner Morgen sein.

Das Abendlied vom Turme.

Vom Turme bläst ein Abendlied
In Abendlerchenchöre.
Was sagt es? daß ein Mensch verschied;
Daß nichts die Ruh' ihm störe!

Sei er geschieden sanft und rein,
Wie dort die Sonne scheidet,
Und ruh' in Friede wie der Hain
In Abendrot gekleidet!

Abendlied.

Ich stand auf Berges Halde,
Als heim die Sonne ging,
Und sah wie über'm Walde
Des Abends Goldnetz hing.

Des Himmels Wolken tauten
Der Erde Frieden zu,
Bei Abendglockenlauten
Ging die Natur zur Ruh'.

Ich sprach: O Herz, empfinde
Der Schöpfung Stille nun,
Und schick' mit jedem Kinde
Der Flur dich auch, zu ruh'n.

Die Blumen alle schließen
Die Augen allgemach,
Und alle Wellen fließen
Besänftiget im Bach.

Nun hat der müde Silphe
Sich unter's Blatt gesetzt,
Und die Libell' am Schilfe
Entschlummert taubenetzt.

Es ward dem goldnen Käfer
Zur Wieg' ein Rosenblatt;
Die Herde mit dem Schäfer
Sucht ihre Lagerstatt.

Die Lerche sucht aus Lüften
Ihr feuchtes Nest im Klee,
Und in des Waldes Schlüften
Ihr Lager Hirsch und Reh.

Wer sein ein Hüttchen nennet,
Ruht nun darin sich aus;
Und wen die Fremde trennet,
Den trägt ein Traum nach Haus.

Mich fasset ein Verlangen,
Daß ich zu dieser Frist
Hinauf nicht kann gelangen,
Wo meine Heimat ist.

Abendlied des Wanderers.

Wie sich Schatten dehnen
Vom Gebirg' zum See,
Fühlt das Herz ein Sehnen
Und ein süßes Weh.

Wie die Möwen fliegen
Fluten uferwärts,
Möcht' ich nun mich schmiegen
An ein treues Herz.

Froh im Morgenschimmer
Zieht ein Wandrer aus,
Aber Abends immer
Möcht' er sein zu Haus.

Frühlingslied.

1.

Der Frühling lacht von grünen Höh'n,
Es steht vor ihm die Welt so schön,
Als seien eines Dichters Träume
Getreten sichtbar in die Räume.

Wann schöpferisch aus Morgenduft
Der Sonne Strahl die Wesen ruft,
Kehrt jedes Herz sich, jede Blume
Empor zum lichten Heiligtume.

Wann Abendrot den Purpur webt,
Darin die Sonne sich begräbt,
Schließt sich befriedigt jede Blüte,
Und Sehnsucht schlummert im Gemüte.

Vom Morgen bis zur Nacht entlang
Ist all ein Kampf der Sonne Gang;
Ein Kampf, die Schöpfung zu gestalten,
Durch Licht zur Schönheit zu entfalten.

Die Sonn' ist Gottes ew'ger Held,
Mit goldner Wehr im blauen Feld,
Und zu dem lichten Heldenwerke
Erneut der Frühling ihr die Stärke.

Die Sonn' am Tag, der Mond bei Nacht,
Sie ringen all mit Wechselmacht,
Die Sonne, Rosen rot zu strahlen,
Und Lilien weiß der Mond zu malen.

Der Himmel ein saphirnes Dach
Der Flur smaragdnem Brautgemach,
Wo sich im Spiegel von Kristallen
Schaut Rose Braut mit Wohlgefallen.

Die Morgenröte wirkt ihr Kleid,
Der Morgentau reicht ihr Geschmeid',
Der Morgenwind, ihr kecker Freier,
Küßt sie errötend unter'm Schleier.

Der Frühling giebt im Garten Tanz,
Und alle Blumen nah'n im Glanz,
Wo Mädchen vorzustellen haben
Die Rosen, und Jasmine Knaben.

Das Veilchen birgt in Duft sich still,
Weil aufgesucht es werden will;
Die Rose glühend zeigt sich offen,
Wie könnte sie Verbergung hoffen?

Des Paradieses Pforten sind
Nun aufgethan im Morgenwind,
Und auf die Erde strömt vom Osten
Der Duft, den sonst die Sel'gen kosten.

Die Lauben Edens werden leer,
Zur Erd' hernieder zog ihr Heer,
Wo nun die Engel schöner wohnen
In Rosenzelt und Lilienkronen.

Nun lebt, berührt vom Liebeshauch,
Das Leben neu, und Totes auch;
Der starre Fels vor Sehnsucht bebet,
Bis auch ein Epheu ihn umwebet.

O Frühlingsodem, Liebeslust,
O Glück der felsentreuen Brust,
Die ein Geliebtes an sich drücket,
Das dankbar sie mit Kränzen schmücket.

In dieser Stille der Natur,
Wo Liebe spricht und Friede nur,
Sei fern den schweigenden Gedanken
Des Menschenlebens lautes Zanken.

Wie sie die Sinne sich verwirrt,
Und wie in Wüsten sich verirrt,
Wie sie die Freude sich verkümmert,
Und wie das Dasein sich zertrümmert.

Und wie die Welt, so ist ihr Lohn.
Es reut mich jeder Liedeston,
Der auf's verworrene Getriebe
Der Zeit sich wandt', und nicht auf Liebe.

Die Liebe ist der Dichtung Stern,
Die Liebe ist des Lebens Kern;
Und wer die Lieb' hat ausgesungen,
Der hat die Ewigkeit errungen.

Weg Thorentand und Flitterpracht!
Im Himmel gilt nicht ird'sche Macht.
Erobrer, Helden, Weltvernichter,
Geht, sucht euch einen andern Dichter.

Du Freimund laß den eitlen Schwall,
Sing' Lieb' als wie die Nachtigall,
O trachte still in deinen Tönen
Dein eignes Dasein zu versöhnen.

2.

In diesen himmlisch schönen Tagen
Laßt aus dem Sinn die Welt uns schlagen,
Vergessen, daß auf ihr wir sind.
Der Ewigkeit entblühn die Blumen,
Der Dufthauch kommt aus Heiligtumen,
Vom Paradiese weht der Wind.

Die Sonne strahlt vom Himmel nieder,
Und lockt die Welt zum Himmel wieder,
Aus Gottes Wolken fällt der Tau.
O laßt wie Blumen euch durchfeuchten
Das Herz, um Blumen gleich zu leuchten,
Und sonnt euch wie die Blumenau!

Frühling Liebster.

1.

Ich saß an meinem Rädchen,
Spann weiße Witwenfädchen,
Da mich mein Freund verlassen hat.

Da klopft' es an mein Lädchen:
Geschwind, heraus, du Mädchen,
Geschwind! dein Ungetreuer naht.

Thu' weg die Witwenschleier,
Und zeige dich in Feier,
Verbirg, daß du dich hast gehärmt. —
Er kam, und sprach, da sei er!
Ich sprach: Mein schöner Freier,
Wo bist derweil herumgeschwärmt?

Da schüttelt' er's Gefieder,
Und streut' auf Brust und Mieder
Mir Duft und Blumen ohne Harm,
Fing an und sang mir Lieder,
Ich kam zu Wort nicht wieder,
Bis er mich kosend hatt' im Arm.

2.

Ich hatte mich entschlossen,
Nicht mehr für dich zu glühn,
Nicht mehr der Treue Sprossen,
O Falscher! dir zu ziehn.

Doch ach! da kamst du wieder,
Wo ich im Schlafe lag,
Durch meine Augenlider
Drang deiner Schönheit Tag.

Du hast durch deine Küsse
Mir Gift in's Herz geflößt,
Das hat mir die Entschlüsse
In Sehnsucht aufgelöst.

3.

Wie schmückt mein scheidender Freund sich schön
Mit bunten Blumensternen!
Dort blickt er her von jenen Höh'n,
Dann zieht er in die Fernen.
Ich glaubt' ihn mein, wie ich war sein;
Nun will er nicht mehr bei mir sein,
Wie werd' ich's fassen lernen?

4.

Du bist gemacht zu wandern,
Und ich gemacht zu ruhn.
Du gehest nun zu andern,
Was soll ich Arme thun?
Ich kann von dir nur träumen;
O kehr' aus fernen Räumen
So schön mir, wie du scheidest nun!

5.

So schön und unbeständig,
So hold ist und unbändig
Mein Liebster, und ergeben
Bin ich ihm bis in Tod.
Wenn er mir wäre treuer,
Wär' er mir minder teuer;
So teuer ist das Leben,
Das stets zu fliehen droht.

Ich muß ihn fest umknüpfen
Mit Armen, daß entschlüpfen
Er mir nicht mög' im Schlummer,

O reizende Gefahr!
Aus seinem Aug' und Munde
Muß ich in einer Stunde
Lust saugen, um den Kummer
Zu würzen auf ein Jahr.

6.

Gekommen ist die Zeit,
Wo du zu kommen pflagest;
O komm! dir ist bereit
Der Arm, wo sonst du lagest.

O komm! dem Arm ist Not
Etwas an's Herz zu pressen;
Umfahn muß ich den Tod,
Wenn du hast mein vergessen.

7.

Mein Liebster geht mit fliegenden Haaren,
Mit blauem Barett und grünem Gewand;
Die Blumen gehn um ihn in Scharen,
Und die Rose an seiner Hand.

Anheben zu schlagen die Nachtigallen,
Wo sonnigen Blickes er tritt heran,
Und hoch beginnet mein Herz zu wallen,
Wenn ich ihn sehe so lieblich nah'n.

8.

Komm im Glanze,
Komm und pflanze
Mit dem Kuß auf meine Wange Rosen!

Bringe Lüfte
Mit und Düfte,
Daß sie, wo wir küssen, uns umkosen.

Ich will stecken
An die Ecken
Unsres Bettes frische grüne Maien,
Daß die Tauben
In den Lauben
Girren, wenn wir drunter ruhn zu zweien.

9.

Ich liebe einen edlen Herrn,
Und er ist meine Lust;
Er trägt den Liebes=Abendstern
Als Orden auf seiner Brust.

Es sehn ihn edle Frauen gern,
Doch ich bin seine Lust;
Er drückt den Liebes=Abendstern
Als Siegel auf meine Brust.

10.

Als mein Liebster zu mir kam,
Lag ich still verhüllt in Gram;
Und er half mit seiner Hand
Schmücken mir mein Brautgewand.

Als im vollen Schmuck ich stand,
Griff er nach dem Wanderstab,
Und es fielen vom Gewand
Mir die welken Blumen ab.

11.

Der Liebste hat mir Leben eingehaucht,
Des Liebsten Kuß hat Seele mir geschenkt;
Der Liebste hat in Wonne mich getaucht,
Der Liebste hat mich in Gefühl versenkt.
Was in mir lebt, empfindet, liebt und denkt,
Ist von dem Liebsten; darf ich sein ergrimmt,
Wenn auch der Liebste, was er gab, mir nimmt?

12.

Gestern war der Freund mir huldig,
Heute wird er ungeduldig,
Morgen wird er von mir fliehn.
Lange säumt er, minniglicher
Kehrt er endlich, und ist sicher,
Mich wie sonst an's Herz zu ziehn.

13.

Wie sollt' ich widerstreben?
Dir hab' ich mich ergeben,
Ich lebe nur in dir,
In dir, solang' du weilest,
Und wo du mir enteilest,
Lebt Schmerz um dich in mir.

Lenzversöhnung.

Sich legen an der Mutter Brust,
Und ruhn in ihrem Schoße,
Das ist der Erde Himmelslust,
Die Seligkeit, die große.

O wär' es immer Blütenmai
Und reine Himmelsbläue,
So wären Menschen sündenfrei,
Und goldne Zeit auf's neue.

Wilder Sommer.

An dem Himmel Wolkenwogen,
Windesbrausen in dem Wald,
Dabei bin ich auferzogen,
Dieses ist mein Aufenthalt;
Solchen Sommer liebt mein Sinn,
Weil ich selbst ein solcher bin.

Wenn die Sonne aus dem Blauen
Ungedämpft herniederblickt,
Kann ich frei nicht aufwärts schauen,
Weil der Glanz mich niederdrückt.
Fragend sieht das Licht mich an,
Warum ich nur trauern kann?

Aber wenn in Waldesblättern
Sturmes Ahnung flüsternd wacht,
Sich der Himmel regt zu Wettern,
Und der Donner furchtbar lacht;
Richt' ich meines Auges Blitz
Kühn nach dem aus Wolkenritz.

Tag für Tag ein Regenbogen
Über meine Flur gespannt!
Komm' ich drunter hergezogen,
Träufelt's auf die heiße Hand;

Und mein Auge labt das Licht,
Das aus Himmelsthränen bricht.

Nicht auf regungslosen Feldern
Schäfer, der die Flöte spielt!
In den lauten Eichenwäldern,
Wo der Schütz' nach Blute zielt,
Wo der Falk' noch kreischen kann,
Flieg' ich meine Falkenbahn.

Darum bin ich dir gewogen,
Dir vor allen, Heimatland;
Kühl im Wald mich auferzogen
Hast du, nicht im Sonnenbrand;
Was mich wiegen kann in Ruh',
Sturm und Wolken schenkest du.

Und in deinen deutschen Eichen
Lehrst du deine Sprache mich;
Wie sie rauschen, so desgleichen
Rauschet sie gewaltiglich.
Nur in deutscher Sprache Braus
Stürmt das Herz von Grund heraus.

Herbstfrühlingslied.

So oft der Herbst die Rosen stahl,
Ich weiß nicht wie's entsprungen,
Da ist mir hell noch jedesmal,
Ein Frühlingslied entklungen.

Der Frühling, der vorüberfuhr,
Und der aus Zukunft winket,
Die beiden werden einer nur,
Des Glanz mein Herz durchblinket.

So hoff' ich, wenn den Lebensbaum
Des Alters Hauch entlaubet,
Nicht soll ein goldner Jugendtraum
Dem Herzen sein geraubet.

Die Jugend, die vorüberfuhr,
Wird sich im Liede paaren
Mit jener, die auf Edens Flur
Nicht wird vorüberfahren.

Herbstklage.

Mich hat der Herbst betrogen,
Dir, Mutter, sei's geklagt:
Die Schwalb' ist weggezogen,
Und hat mir's nicht gesagt.

Und hat mit weggenommen
Das Licht, den Sonnenschein;
Und wenn sie wieder kommen,
Werd' ich gestorben sein.

Herbsthauch.

Herz, nun so alt und noch immer nicht klug,
Hoffst du von Tagen zu Tagen,

Was dir der blühende Frühling nicht trug,
Werde der Herbst dir noch tragen!

Läßt doch der spielende Wind nicht vom Strauch,
Immer zu schmeicheln, zu kosen.
Rosen entfaltet am Morgen sein Hauch,
Abends verstreut er die Rosen.

Läßt doch der spielende Wind nicht vom Strauch,
Bis er ihn völlig gelichtet.
Alles, o Herz, ist ein Wind und ein Hauch,
Was wir geliebt und gedichtet.

Herbstfarben.

Das Grün des Frühlings mühte
Sich mit vergebnen Müh'n
Ganz aufzugehn in Blüte,
In Gold und Purpurglühn.

Ein Gold- und Purpurschimmer
Wob drüber nur, doch blieb
Darunter eben immer
Der grüne dunkle Trieb.

Was nicht dem Lenz gelungen
Am grünen Lebensstrauch,
Das hat der Herbst errungen
Mit seinem Todeshauch.

Nicht einzle Purpurdolden,
Nicht goldne Sternlein matt:

Der ganze Wald ist golden,
Und Purpur jedes Blatt.

Doch wie die Herbstluft schauert,
Zu Boden sinkt der Glanz;
Denn lauter Blüte dauert
Nicht ohne Grün im Kranz.

Erntelied.

Windet zum Kranze die goldenen Ähren,
Flechtet auch Blumen, die blauen, hinein.
Blumen allein
Können nicht nähren;
Aber wo Ähren die Nahrung gewähren,
Freuet der süße, der blumige Schein.
Windet zum Kranze die goldenen Ähren,
Flechtet auch Blumen, die blauen, hinein.

Holet die Wagen, mit Garben beladen,
Aus dem Gefilde mit Sang und mit Klang.
Klang und Gesang
Kann ja nicht schaden;
Lange genug hat in Thränen sich baden
Kümmernis müssen in furchtbarem Drang.
Holet die Wagen, mit Garben beladen,
Aus dem Gefilde mit Sang und mit Klang.

Stellet an Gottes Altäre die Garben,
Der uns den himmlischen Segen verliehn.
Will er entziehn,

Müssen wir darben;
Alle, die nicht in Verzweifelung starben,
Leben und ernten und hoffen durch ihn.
Stellet an Gottes Altäre die Garben,
Der uns den himmlischen Segen verliehn.

Lobet mit hellem, mit feurigem Psalme,
Lobet den milden Ernährer der Welt.
Wilde im Zelt
Nähret die Palme;
Uns auf die leichten, die schwankenden Halme
Hat er des Lebens Bedürfnis gestellt.
Lobet mit hellem, mit feurigem Psalme,
Lobet den milden Ernährer der Welt.

Beuget dem Herrn euch mit stummem Erzittern,
Der in den Wolken, den donnernden, wohnt;
Daß er verschont
Mit den Gewittern,
Daß nicht die Halme, die schwanken, zersplittern,
Ehe den Fleiß sie des Schnitters belohnt.
Beuget dem Herrn euch mit stummem Erzittern,
Der in den Wolken, den donnernden, wohnt.

Lasset die Wunder des Höchsten uns preisen,
Der da, was Not ist, am besten bedenkt,
Wenn er uns schenkt,
Was uns soll speisen,
Oben darüber mit sicheren Gleisen
Regen und Sonne zum Segen uns lenkt.
Lasset die Wunder des Höchsten uns preisen,
Der da, was Not ist, am besten bedenkt.

Laßt uns das zarte Geheimnis bedenken,
Das aus dem nährenden Körnchen uns ruft.
Still in die Gruft
Muß es sich senken,
Eh' es zum Lichte die Spitze kann lenken,
Sprossen und reifen in himmlischer Luft.
Laßt uns das zarte Geheimnis bedenken,
Das aus dem nährenden Körnchen uns ruft.

Laßt uns der Arbeit Bedeutung erkennen,
Welche das irdische Leben bedingt:
Wie sie entringt
Körner den Tennen,
Und aus der Räder zermalmendem Rennen
Endlich den Stoff, den geläuterten, bringt.
Laßt uns der Arbeit Bedeutung erkennen,
Welche das irdische Leben bedingt.

Bittet den Herrn, daß er gebe den Segen
Allen Gewerken in Stadt und in Land,
Die den Verband
Hegen und pflegen:
Aber den sicheren Grundstein zu legen,
Segn' er uns zwiefach die säende Hand.
Bittet den Herrn, daß er gebe den Segen
Allen Gewerken in Stadt und in Land.

Flehet zum Herrn, daß die Herren der Erde
Gnädig von oben erleuchte sein Licht;
Daß sich die Pflicht
Und die Beschwerde,

Zwischen den Hirten und zwischen der Herde,
Teile mit rechtem gerechtem Gewicht.
Flehet zum Herrn, daß die Herren der Erde
Gnädig von oben erleuchte sein Licht.

Bittet, daß Gott, der uns Leben gegeben,
Gebe die Krone des Lebens dazu:
Friedliche Ruh'
Fröhliches Streben,
Daß, was da lebet, sich freu' auch am Leben,
Ab sich der langen Bekümmernis thu'.
Bittet, daß Gott, der uns Leben gegeben,
Gebe die Krone des Lebens dazu.

Windet zum Kranze die goldenen Ähren,
Flechtet auch Blumen, die blauen, hinein.
Blumen allein
Können nicht nähren;
Aber wo Ähren die Nahrung gewähren,
Freuet der süße, der blumige Schein.
Windet zum Kranze die goldenen Ähren,
Flechtet auch Blumen, die blauen, hinein.

Der Winter auf dem Lande.

Den Winter hör' ich schelten,
Es spricht ein Städter nur:
Im Sommer lass' ich's gelten
Zu wohnen auf der Flur;
Doch in des Winters Schauern
Zieh' ich mir vor die Mauern,
Zu frostig ist mir die Natur.

Natur, in deiner Fülle
Hat er dich nicht geschaut,
Ihm hat die äußre Hülle
Gefallen an der Braut;
Doch wie du mögest ändern
Mit Farben und Gewändern,
Du bleibst mir immer lieb und traut.

Ich habe dein Erwachen
Belauscht im Schneegewand,
Wo als dein erstes Lachen
Die Anemon' ich fand;
Dann las ich manches Weilchen
Als deine Grüße Veilchen,
Und Primeln Winke deiner Hand.

Ich hab' an deinem Kranze
Die Blätter wachsen sehn,
Ihn dann im vollen Glanze
Auf deinem Haupte stehn,
Da du betratst die Bühne
Im Festschmuck, und das grüne
Gewand dir hob der Mailuft Wehn.

Wie aus dem Morgenschleier
Du hast geschüttelt Duft,
Und bei des Abends Feier
Geatmet frische Luft,
Ich bin dir nachgeschritten
Auf allen blum'gen Tritten
Durch Wies' und Feld und Wald und Kluft.

Mein Auge füllten Zähren
Beim Anblick deiner Pracht,
Als ob's die Perlen wären,
Die dir der Tau gebracht:
Und jeder Regenbogen,
Der deinen Saum umzogen,
Hat farbig mir in's Herz gelacht.

Wach, wenn die Morgenröte
Dir guten Morgen bot,
Froh harrend, bis dir böte
Gutnacht das Abendrot;
Wie dich die Sonne krönte,
Wie dich der Mond verschönte,
Warst du mein Früh- und Abendbrot.

Mit deiner Lerchen Schwirren
Zum Himmel schwang ich mich,
Mit deiner Tauben Girren
Durch Büsche schlang ich mich;
Mit deinen Nachtigallen,
Mit deinen Sängern allen,
In dich hinein versang ich mich.

Aus Bächen und aus Quellen
Hast du mir zugerauscht,
Aus lichten Waldesstellen
Hast du mir zugelauscht;
In Wiederhalles Tönen
Und in des Sturmes Dröhnen
Hast du Gespräch mit mir getauscht.

Es hat kein Zwang der Schulen
Mein Herz vor dir verbaut,
Ich hatte Zeit zu buhlen
Um meine süße Braut.
Der Menschenwelt gefernet,
Hab' ich nur dich gelernet,
Dir nachgesprochen jeden Laut.

Ich habe dich gehalten,
O Herzenskönigin,
In wechselnden Gestalten,
Erst frohe Schäferin,
Geschmückt mit allen Farben,
Und dann auf goldne Garben
Gelehnet, müde Schnitterin!

Und als du mir die Rose
Nicht bieten konntest mehr,
Da botest du im Schoße
Die Früchte segenschwer,
Und lächeltest so sinnig,
Mich rührt' es tief und innig,
Wie du dein Füllhorn gossest leer.

Wenn nun die Blumen fliehen,
Die du so zart gepflegt,
Die Vögel von dir ziehen,
Die du im Nest gehegt;
Sollt' ich dich auch verlassen?
O nein, ich will dich fassen
An's Herz, solang' dein Herz noch schlägt!

Und wenn du nun zum Grabe
Dich geben mußt hinab;
Sieh, welche reiche Habe
Mir deine Liebe gab!
Die will ich nicht vergraben,
Mit deinen eignen Gaben
Will ich dir schmücken schön dein Grab.

Du hast mit solchen Strahlen
Durchleuchtet mein Gemüt,
Daß auf des Herbstes kahlen
Gefilden Frühling sprüht;
Du hast mein Herz durchsungen
Mit sommerlichen Zungen,
Daß ein Gesang der Winter blüht.

Die Farben sind enthoben
Nun all der ird'schen Flur,
Am Himmel blühn sie droben
Verklärter, schöner nur;
Durch Wolken-Silberstreifen
Gehn Gold- und Purpurschleifen,
Und Perlenstränge durch Azur.

Dort wo die Sonne sinket,
Das ist kein Abendrot,
Wie mit Karmin geschminket
Der Sommerabend bot;
Das ist ein Meer von Gluten,
Von Wunden, welche bluten,
Ein ew'ges Leben blüht im Tod.

Ja, ob mit Tod durchschauert
Das Erdenmark der Ost,
Die Liebe blüht und dauert
Ein farb'ger Augentrost;
Ob Frühlingsglut zerstiebe,
Am Himmel glüht die Liebe,
Sich spiegelnd hell im Erdenfrost.

Des Baumes Äste ragen
Kahl aufwärts in den Raum,
Wo sie statt Blätter tragen
Der Sterne goldnen Traum;
Es ist als ob sich neige
Der Mond am höchsten Zweige;
O schöngeschmückter Weihnachtsbaum!

Nicht wann der Erde Glieder
Umhüllet Blumenpracht,
Und Nachtigallenlieder
Die Lieb' hat angefacht;
Die Engel, die sich neigen
Der höchsten Liebe, steigen
Hernieder in der Winternacht.

Bleibet im Lande.

Bleibet im Lande und nähret euch redlich,
Rücket zusammen und füget euch fein.
Machte nur keiner zu breit sich und schädlich,
Wäre das Land nicht für alle zu klein.

Aber wo alle sich drängen und reiben,
Da ist für Menschen im Land nicht zu bleiben,
Flösse das Land auch von Milch und von Wein.

Ist denn nicht Schwaben ein fruchtbarer Garten,
Eine gesegnete Weide die Schweiz?
Wollen die Gärtner der Reben nicht warten,
Fasset die Hirten der Wanderschaft Reiz?
Über den Meeren und nahe den Polen
Will sich da Schätze die Dürftigkeit holen,
Wo sie schon längst nicht mehr findet der Geiz?

Meinet ihr, draußen sei's besser auf Erden?
Überall ist es auf Erden jetzt schlimm.
Nicht an dem Land, daß es besser soll werden,
Liegt es, am Menschen, es liegt nur an ihm.
Betet zu Gott, daß sein Licht hier besieget
Diese Verkehrtheit, an welcher es lieget;
Sein sei die Lenkung, nicht euer der Grimm.

Ziehet im Grimm nicht, im Unmut, von dannen,
Wendet der Heimat den Rücken nicht zu!
Will sich das Vaterland, soll sich's ermannen,
Wahrlich bedarf es der Männer dazu.
Aus der Verworrenheit gärendem Streben
Soll sich die Klarheit, die Ordnung erheben;
Bleibet, und wartet, und wirket in Ruh'.

Sehet! der Himmel im Land euch ernähren
Will er, er schenkt euch die Fülle des Korns.
Teilet euch nur in die reichlichen Ähren,
Trinkt nur verträglich begnügsam des Borns!

Daß nicht an euch sich das Beispiel erneue,
Nicht als verworfenes Volk euch zerstreue
Rings in die Länder die Rute des Zorns.

Bleibet im Lande und nähret euch redlich,
Rücket zusammen und füget euch fein.
Mache nur keiner zu breit sich und schädlich,
So ist das Land nicht für alle zu klein.
Wollet nur selbst euch nicht drängen und reiben,
So ist für Menschen im Land noch zu bleiben,
Und es wird fließen von Milch und von Wein.

Am Bach.

1.

Ich saß am Bach, und sah
Die Well' hinunter gleiten,
Und dacht' an fern und nah,
An alt' und neue Zeiten.

So manche Thräne quoll,
O Bach, an deinen Borden;
Du bist davon nicht voll,
Und trübe nicht geworden.

Manch Kränzlein, das ich wand
An dir, verlor den Schimmer,
Doch windet meine Hand
Ein neues Kränzlein immer.

Die Blume stirbt am Rand,
Ich denk' an liebe Tote;
Und wie sie neu erstand,
Kommt mir ein Liebesbote.

Wo kommest du in's Meer?
Wo kommst du aus der Quelle?
Wo komm' ich hin und her?
O Bächlein, mein Geselle!

Nun nickt das Frühlingsreis
Dir zu mit Wohlgefallen;
Jüngst war dein Winterreis
Ein Spiegel von Kristallen.

Nun klärt dich Himmelslicht,
Und schwellt dich Frühlingswonne;
Hell zeigst du mein Gesicht,
Und heller das der Sonne.

O Welt, wie bist du schön,
Von Frühlingshauch belebet,
Wenn über deinen Höh'n
Des Himmels Ahnung schwebet.

2.

Das Bächlein zieht von dannen,
Läßt grün den Rand zurück,
Wie Freuden, die verrannen,
Doch fühl' ich noch das Glück.

Das Bächlein fließt danieder
Beständig neu und voll;
Mir aber kehrt nie wieder,
Was einst im Herzen schwoll.

Welt und Ich.

„Wo auf Weltverbesserung
Wünsche kühn sich lenken,
Willst du nur auf Wässerung
Deines Wieschens denken?

„Wenn man erst die Welt gemacht
Ganz zum Paradiese,
Kommt's von selber über Nacht
Auch an deine Wiese.

„Doch es muß zum großen Hort
Bei das kleinste tragen;
Hast du nicht ein gutes Wort
Etwa mir zu sagen?

„Auch das Wort ist eine That,
Wie sich mancher rühmet,
Und ein Hauch des Frühlings hat
Stets die Welt beblümet." —

Blühe, was da blühen mag,
Unter euern Hauchen!
Ich will meines Herzens Schlag
Für mein Leben brauchen.

Möge jeder still beglückt
Seiner Freuden warten!
Wenn die Rose selbst sich schmückt,
Schmückt sie auch den Garten.

An die Musen.

1.

Kommt Schwestern, helft mir reimen
Von meinen Lieblingsbäumen,
Von meiner Lieblingsflur!
Die Blümchen in dem Garten
Und alle Gräschen warten
Auf euer Loblied nur.

Von einem zu dem andern
Laßt uns noch einmal wandern,
Und jedes uns besehn;
Was wir dabei gefühlet,
Getändelt und gespielet,
Soll flink in Liedchen stehn.

Die soll der Reisewagen
Mit uns von dannen tragen,
Fern, fern, in fremdes Land,
Wie Bilder, die dem Helden
Von seinen Schlachten melden,
Die er mit Glück bestand.

Und wenn sie gleich nicht reden
Von blutbespritzten Fehden,
Von Riesen himmelhoch;

Von purpurroten Lippchen,
Und von geschlagnen Schnippchen
Erzählen sie uns doch.

Und wenn auch nicht von Siegen,
Die ich in meinen Kriegen
Auf dieser Flur erstritt,
So werden sie doch sagen
Von süßen Niederlagen,
Die ich so gern erlitt.

Sie sollen in der Ferne
Wie schöne lichte Sterne
Geflohner Freuden stehn;
Mein Hoffen und mein Wähnen
Soll neu in ihren Tönen
Vor mir vorübergehn.

Rinnt dann wohl auch mitunter
Die Wang' ein Thränlein 'runter,
Daß alles eitel ist;
So wird doch wohl dazwischen
Sich auch ein Lächeln mischen,
Daß süß selbst Eitles ist.

2.

Nicht aufregende
Wild bewegende
Leidenschaft;
Ruhig glättende,
Friedlich bettende
Liebeskraft:

Sturmbemeisternde
Gottbegeisternde
Himmelsruh'
Haucht, ihr Günstigen,
Euerm brünstigen
Priester zu!

Auch am Niedlichen
Habt ihr Friedlichen
Freude gern;
Nur das Häßliche
Und das Gräßliche
Bleibt euch fern

Zwar das spitzige
Eitel witzige
Liebt ihr nicht,
Doch das spielende
Leise zielende
Sinngedicht.

Das Paradies.

Das Paradies muß schöner sein
Als jeder Ort auf Erden,
Drum wünscht mein Herz recht bald darein,
Recht bald versetzt zu werden.

Im Paradiese muß ein Fluß
Der ew'gen Liebe rinnen,
Und jede Sehnsuchtthräne muß
Sein eine Perle drinnen.

Im Paradiese muß ein Hauch
Der Schmerzenstillung wehen,
Daß jeder Schmerz, und meiner auch,
Muß aufgelöst vergehen.

Da steht des Friedens kühler Baum
Gepflanzt auf grünen Räumen,
Und drunter muß ein stiller Traum
Von Ruh' und Glück sich träumen.

Ein Cherub an der Pforte steht,
Die Welt hinweg zu schrecken,
Daß auch zu mir ihr Hauch nicht geht,
Mich aus dem Traum zu wecken.

Da wird das morsche Schiff, mein Herz,
Geankert ruhn im Hafen,
Das rege Wiegenkindlein Schmerz
Im Busen endlich schlafen.

Für jeden Dorn, der hier mich stach,
Wird sich die Rose finden,
Und Lust, die nie mir Rosen brach,
Wird sie um's Haupt mir winden.

Dort werden alle Freuden blühn,
Die in der Knosp' hier starben,
Und werden wird Ein Frühlingsgrün
Aus allen Todesgarben.

Dort wird, was je mein Herz gesucht,
Mir still entgegentreten,
Vom grünen Zweig als goldne Frucht,
Als helle Blum' aus Beeten.

Die Wünsch' und Hoffnungen der Brust,
Wie Blumen aller Zonen,
Sie werden dort in stiller Lust
Um mich zusammen wohnen.

Die Jugend, die mit Flügelschlag
An mir vorüber rauschte,
Die Liebe, die auf einen Tag
Mit Nektar mich berauschte,

Sie werden, flucht- und flügellos,
Auf ewig mich umscherzen,
Mich halten wie das Kind im Schoß,
Und ihren Liebling herzen.

Und jene Gottheit, deren Licht
Auf mich von fernher taute,
Und deren klares Angesicht
Ich nur in Träumen schaute,

Die Poesie als Geist der Welt
Wird hell sich mir entschleiern,
Wann hell sich Freimunds Lied gesellt
Dem Chor der Sternenleiern.

Der Traum.

Es nahm auf seine Flügel
Mich, als ich schlief, ein Traum,
Und trug vom Erdenhügel
Mich auf in Sphärenraum.

Ich schwebt' im Klang der Flöten
Zum Abendstern hinan,
Und Morgen-Abendröten
Begrenzten meine Bahn.

Sich thaten allerorten
Vor meines Traumes Lauf
Die diamantnen Pforten
Der Himmelsschlösser auf.

Ich sah die Bronnen rauschen
Der Ewigkeit um mich,
Und hörte Sonnen tauschen
Gespräche unter sich.

Da trug vor allen Bronnen
Vorbei auf duft'ger Spur,
Vorbei vor allen Sonnen,
Der Traum mich höher nur.

Er trug mich, bis ich staunte
An eines Lichtes Rand,
Darin, wie er mir raunte,
Verhüllt die Liebe stand.

Die Liebe durch den Schleier
Sah ihre Schöpfung an,
Von der zu ihr in Feier
Ein Preisen stieg hinan.

Wie leuchtend durch die Hüllen
Ein Strahl des Lächelns brach,
So wurden neue Füllen
Des Lobgesanges wach.

Wohin ein Blick der Liebe
Vorüberstreifend traf,
Erwachten junge Triebe
Der Schöpfung aus dem Schlaf.

Und wo der Blick der Liebe
Mit seiner Macht geruht,
Da ward ein Weltgetriebe
Verzehrt in Liebesglut.

Die Liebe ließ die Flöre
Vom Angesichte wehn;
Ein Schauer hub die Chöre
Der Schöpfung an zu drehn.

Die Himmel, Schmetterlinge,
Sie stürzten in ihr Licht,
Doch meines Traumes Schwinge
Geschmolzen war noch nicht.

Da flog vom Angesichte
Zurück der Schleier ganz,
Die Schöpfung schwand im Lichte,
Und ich zerfloß in Glanz.

Naturpoesie.

Das Schönste ward gedichtet
Von keines Dichters Mund,
Kein Denkmal ist errichtet,
Kein Marmor thut es kund.

Es hat sich selbst geboren,
Wie eine Blume sprießt,
Und wie aus Felsenthoren
Ein Brunnquell sich ergießt.

Wiegenlied.

In der Wiege lag der Knabe,
Von des Schlummers Duft umkreist,
Und mit ausgestrecktem Stabe
Bog sich drüber hin ein Geist.

Wie des Unbewußtseins Friede
Auf dem Augenlid ihm liegt,
Grüßt mit ernstem Wiegenliede
Ihn der strenge Geist, und wiegt:

Schlafe du! nicht deine Wahlen
Haben, sondern dein Geschick,
Zu des Lebens Lust und Qualen
Aufgeschlossen deinen Blick.

Schlafe du! nicht deine Wahlen,
Sondern dein Geschicke hat
Durch des Lebens Lust und Qualen
Dir bezeichnet deinen Pfad.

Wie hier meinen Stab ich strecke,
Zeichn' ich dir die Bahnen vor,
Die du von der Wiegendecke
Gehest zu des Grabes Thor.

Hier mit andern, hier alleine,
Hier verirrt, hier grad, hier schief,
Hier auf Höh'n im Sonnenscheine,
Hier durch Nacht in Klüften tief.

Hier ein Stein, um dran zu stoßen;
Dich zu kühlen, hier ein Born;
Hier für deine Stirne Rosen,
Hier für deinen Fuß ein Dorn.

Hier an deinem Wege stehend,
Zielend mit dem Pfeil, ein Schmerz;
Hier ein Glück vorübergehend,
Das mit Sehnsucht greift an's Herz.

Hier am Abgrund, über'm Stege,
Der nicht bricht, weil er nicht soll,
Schwankst du; hier am Scheidewege
Stehst du still entscheidungsvoll.

Aber ob du lange wählest,
Schon bestimmt ist deine Wahl;
Und ob du die Gründe zählest,
Auch bedingt ist ihre Zahl.

Tausend strenge Hände greifen
Nach der deinen, daß sie muß;
Tausend unsichtbare Schleifen
Ziehen deinen freien Fuß.

Angewiesen sind die Ziele,
Zugemessen jede Rast,
Und gemessen auch, wieviele
Schritte du zur letzten hast.

So gekreuzt sind deine Bahnen,
So umschnürt dein Lebenslauf;
So in deiner Zukunft Ahnen
Wache du mit Weinen auf.

Die goldne Zeit.

Die goldne Zeit ist nicht entschwunden,
Denn sie ist ewig neu und jung;
Noch wird des Goldes gnug gefunden,
Habt ihr dazu nur Lust genung.

Am Himmel stehn die goldnen Sterne,
Und tönen all die Nacht entlang,
Damit der Mensch von ihnen lerne
Der goldnen Zither goldnen Klang.

Es schäumt aus voller Brust der Erde
Der Wein auf, der euch golden winkt,
Den ihr, damit er goldner werde,
Beim Fest aus goldnen Bechern trinkt.

Doch zu dem goldensten der Bande
Webt sich der Liebsten goldnes Haar,
Und zwischen durch mit goldnem Brande
Glüht ihrer Augen Sonnenpaar.

So laßt das Weh, das euch betroffen,
Und seid zu neuer Lust bereit;
Erbauet aus den goldnen Stoffen
Sich jeder seine goldne Zeit!

Liedlein vom Glücke.

Ich hört' oft genug,
Das Glück sei auf Reisen.
„Da ist's ja nicht klug
Sich der Ruh' zu befleißen!"

So macht' ich mich auf
In rüstigem Lauf,
Um auch auf den Wegen
Dem Glück zu begegnen.

Ich sah auf den Gängen
Viel Volkes sich drängen,
Viel Lärm und viel Plunder,
Das Glück war nicht drunter.

Und that ich wen fragen:
Wo kann ich's erjagen?
Merkt keiner auf mich,
Sucht's jeder für sich.

Ich kam zu 'ner Brücke:
Verweilt hier das Glücke?
„Es ist hier vor Jahren
Vorüber gefahren."

Zu 'nem Stadtthor ich trat:
Ist's Glück in der Stadt?
„Wir passen hier eben
Ihm Einlaß zu geben."

Da paßt' ich auch lange,
Da kam es doch nicht:
Bis daß ich zum Gange
Mich wieder gericht.

Und als ich auswandern
Zum einen Thor that,
Zog ein in die Stadt
Das Glück just zum andern.

„Willst länger mit Schnaufen
Ihm auch nicht nachlaufen;
Wer weiß, wenn du's hast,
Ob's wert ist der Last."

Da hab' ich ein Eckchen
Im Wald mir erschaut,
Und mir auf dem Fleckchen
Ein Häusel erbaut.

Ich hab' es erbaut
Mit eigener Haut,
Mit eigener Hand,
Ohn' Glücks Beistand.

Hier, Glück, ist mein Haus,
Mein Bett und mein Schrein;
Willst kommen, kehr' ein,
Willst nicht, so bleib' aus!

Vor den Thüren.

Ich habe geklopft an des Reichtums Haus;
Man reicht mir 'nen Pfennig zum Fenster heraus.

Ich habe geklopft an der Liebe Thür;
Da standen schon funfzehn andre dafür.

Ich klopfte leis' an der Ehre Schloß;
„Hier thut man nur auf dem Ritter zu Roß."

Ich habe gesucht der Arbeit Dach;
Da hört' ich drinnen nur Weh und Ach!

Ich suchte das Haus der Zufriedenheit;
Es kannt' es niemand weit und breit.

Nun weiß ich noch ein Häuslein still,
Wo ich zuletzt anklopfen will.

Zwar wohnt darin schon mancher Gast,
Doch ist für Viele im Grab noch Rast.

Liebe im Kleinen.

Die ganze Welt ist viel zu groß,
Sie an ein Herz zu fassen;
Dazu genügt nur Gottes Schoß,
Dem bleibt es überlassen;
Ein Menschenherz ist viel zu klein,
Um liebend sich der Welt zu weih'n.

Du mußt an eine treue Brust
Insonders hin dich neigen,
Ihr alle deine Liebeslust
Ausschließlich geben eigen;
Wer so ein Herz am Herzen hält,
Der liebt in ihm die ganze Welt.

Das Eine Lied.

Ich weiß der Lieder viele,
Und singe was ihr liebt.
Das ist wohl gut zum Spiele,
Weil Wechsel Freude giebt;
Doch hätte Lieb' und Friede
Genug an Einem Liede,
Und fragte nicht, wo's hundert giebt.

Jüngst sah ich einen Hirten
Im stillen Wiesenthal,
Wo klare Bächlein irrten
Am hellen Sonnenstrahl.
Er lag am schatt'gen Baume,
Und blies als wie im Traume
Ein Lied auf einem Blättlein schmal.

Das Lied, es mochte steigen
Nur wenig Tön' hinauf,
Dann mußt' es hin sich neigen,
Und nahm denselben Lauf.
Es freut' ihn immer wieder;
Gern hätt' ich meine Lieder
Geboten all dafür zum Kauf.

Er blies sein Lied, und ließ es,
Und sah sich um im Hag,
Hub wieder an und blies es,
Ich schaute wie er lag:
Er sah bei seinem Blasen
Die stillen Lämmlein grasen,
Und langsam fliehn den Sommertag.

Dem Liebesänger.

Wenn du willst in Menschenherzen
Alle Saiten rühren an;
Stimme du den Ton der Schmerzen,
Nicht den Klang der Freuden an.

Mancher ist wohl, der erfahren
Hat auf Erden keine Lust;
Keiner, der nicht still bewahren
Wird ein Weh in seiner Brust.

Den Gärtnern.

Ich zog eine Wind' am Zaune;
Und was sich nicht wollte winden
Von Ranken nach meiner Laune,
Begann ich denn anzubinden,
Und dachte, für meine Mühen
Sollt' es nun fröhlich blühen.

Doch bald hab' ich gefunden,
Daß ich umsonst mich mühte;
Nicht, was ich angebunden,
War was am schönsten blühte,
Sondern was ich ließ ranken
Nach seinen eignen Gedanken.

Wanderlied.

Dem Wandersmann gehört die Welt
In allen ihren Weiten,
Weil er kann über Thal und Feld
So wohlgemut hinschreiten.
Die Felder sind wohl angebaut
Für andre und von andern;
Ihm aber, der sie sich beschaut,
Gehören sie jetzt beim Wandern.

Durch Wiesen schlängelt sich ein Pfad,
Wie zwischen Blumenbeeten.
Ich weiß nicht, wessen Fuß ihn trat;
Er ist für mich getreten.
Und neben in das Gras hinein,
Wo sie wohl Futter holen;
Das Grün ist auch beim Wandern mein,
Ein Teppich für meine Sohlen.

Der Baum, der hier am Wege steht,
Wem mag er Frucht erstatten?
Doch weil mein Weg vorüber geht,
So giebt er mir den Schatten.
Sie haben ihn hieher gesetzt
Wohl nicht zu meinem Frommen;
Ich aber glaube, daß er jetzt
Sei eigens für mich gekommen.

Der Bach, der mir entgegen rauscht
Kommt her mich zu begrüßen,
Durch Reden, die er mit mir tauscht,
Den Gang mir zu versüßen.

Und wenn ich seiner müde bin,
Er wartet auf mein Winken,
Gleich wendet er sich zur Rechten hin,
Und ich zieh' fort zur Linken.

Die Lüfte sind mir dienstbar auch,
Die mir im Rücken wehen,
Sie wollen doch mit ihrem Hauch
Mich fördern nur im Gehen.
Und die in's Angesicht mich küßt,
Sie will mir auch nicht schaden:
Es ist die Ferne, die mich grüßt,
Zu sich mich einzuladen.

Der Regen und der Sonnenschein
Sind meine zwei Gesellen,
Die, einer hinter'm andern drein,
Abwechselnd ein sich stellen.
Der Regen löscht der Straße Staub,
Die Sonne macht sie trocken;
Daneben wollen Gras und Laub
Sie aus dem Boden locken.

Und spannt in ihrem Wechselspiel
Sich aus ein Regenbogen;
Komm' ich, entgegen meinem Ziel,
Darunter her gezogen.
Der Bogen ist für mich gespannt,
Weil ich darunter walle;
Zu Trägern sind die Berg' ernannt,
Daß er auf mich nicht falle.

Und wo ein Dorf entgegen tritt,
Da hör' ich Glocken läuten.
Sie meinen selber mich damit,
Was könnt' es sonst bedeuten?
Sie läuten etwan einer Braut,
Vielleicht auch einem Toten;
Ich aber deut' auf mich den Laut:
Ein Gruß wird mir geboten.

So zieh' ich im Triumphgesang
Entlang die lange Straße;
Und nie wird mir um etwas bang,
Das ich im Rücken lasse.
Wie eines hinter mir entweicht,
So kommt gleich her das andre;
Und nie hab' ich das End' erreicht
Der Welt, soweit ich wandre.

Hoffen und Bangen.

Etwas wünschen und verlangen,
Etwas hoffen muß das Herz,
Etwas zu verlieren bangen,
Und um etwas fühlen Schmerz.

Deine Lust und deine Wonne
Mußt du an was immer sehn,
Soll vergeblich Mond und Sonne
Nicht an dir vorübergehn.

Gleich von unbegrenztem Sehnen
Wie entfernt von träger Ruh',
Müsse sich mein Leben dehnen
Wie ein Strom dem Meere zu.

Wohnlichkeit.

Nicht am Meere will ich wohnen,
Wo an's Land die Woge schlägt,
Grüße bringt von fremden Zonen,
Wo mich hin kein Nachen trägt.

Wohnen nicht am großen Flusse,
Der in Ruhe nie verweilt,
Stets mit süßem Wassergusse
Bitterm Tod entgegeneilt.

Wohnen will ich nicht in diesen
Alpenthälern, wo sie stehn
Die getürmten Schöpfungsriesen,
Und so stolz herniedersehn.

Als ein Wandrer will ich schauen
Alles dieses wohl einmal,
Aber dann mein Hüttchen bauen
Im bebüschten Heimatthal.

Wo der sanft gehobne Hügel
Sich nur kränzt mit Blütenschnee,
Und dem raschen Bache Zügel
Anlegt der gehaltne See.

Wenn sein Grund den Himmel spiegelt,
Wipfel wurzeln in die Flut,
Ist Geheimnis mir entsiegelt,
Wie die Höh' im Tiefen ruht.

Wolken kommen, Wolken fliehen,
Was ich lebte, was ich litt;
Und den Vögeln, welche ziehen,
Geb' ich Liebesgrüße mit.

Einen Gruß an jede Zone,
Wo es glüht und wo es kühlt,
Daß in jeder glücklich wohne,
Wer in sich die Schöpfung fühlt.

Nachgenuß.

Genieß am schönen Tage,
Was noch der Herbst dir schenkt!
Schon ruht im Sarkophage
Das Leben halb versenkt.

Sieh, wie um blasse Mienen
Noch spielt der Sonne Glanz!
Wie duftet feucht auf ihnen
Der rote Blätterkranz.

Laß küssen dich den warmen,
Den heimlich kalten Hauch,
Der kos't, und ohn' Erbarmen
Die Blätter nimmt vom Strauch.

Und wenn die Vögel alle
Schon sind entflohn der Flur,
So preise du mit Schalle
Allein noch die Natur.

Sie gingen von den Fluren,
Sobald Genuß gebrach,
Du aber gehst den Spuren
Noch des Genossnen nach.

Ihr flatternden Genossen,
Seid doch beschämt von mir;
Wo Neues nicht will sprossen,
Vergesset Altes ihr.

Doch will ich unverdrossen,
Wo ich getrunken Wein,
Noch schlürfen; denn genossen
Will auch die Hefe sein.

Natur, dein voller Becher
Hat niemals bittern Trank;
Noch süßer ist, nur schwächer,
Was auf den Boden sank.

Es wird mich nicht berauschen
Wie Frühlingswonneschaum;
Und wenn ich sollte tauschen,
So würd' ich tauschen kaum.

Kaum tauschen diese Wehmut
Des Herbstes in der Brust
Und die begnügte Demut
Mit unzufriedner Lust.

Ich hoffe nicht, noch bange,
Und sanft bewegt mich's doch;
Nicht wünsch' ich, noch verlange,
Und Ruh' nur fühl' ich noch.

Mit heiterem Entsagen
Seh' ich die Freuden gehn,
In's Antlitz ohne Zagen
Will ich der letzten sehn. —

Als mir am Himmelsbogen
Des Frühlings Sonne stieg,
Ging hoch mein Herz in Wogen
Und pochte stolzen Sieg.

Und wie empor von Zeichen
Zum Zeichen sie gekämpft,
War nie der Mut im Weichen,
Und nie die Glut gedämpft.

Und wie ein Brunnen quillet
Und schwillt in vollem Drang,
Quoll über ungestillet
Mein schwellender Gesang.

Ich wollte mit den Fluten
Befeuchten dürren Sand,
Mit den geschmolznen Gluten
Durchglühn gefrornes Land.

Mit Frühling und der Sonne
Schloß ich den heil'gen Bund,
Daß auf in lichter Wonne
Soll gehn das Erdenrund.

Mit jedem stillen Triebe
Der Knosp' hab' ich gestrebt,
Und jedes Weh der Liebe
Der Rose durchgelebt;

Gebrütet mit den Tauben,
Geschwärmt im Bienenschwarm,
Gekocht mit Purpurtrauben,
Vom Rausch der Sonne warm;

Gezittert im Gewitter
Mit jedem schwanken Halm,
Getriefet mit dem Schnitter
Im sommerlichen Qualm:

Bis bleichen oder bräunen
Ich sah den Farbenglanz,
Und dreschen in den Scheunen
Des Jahres Ährenkranz.

Die Nächte werden länger,
Und kürzer wird der Tag,
Die Scheunen immer enger,
Und leerer stets der Hag.

Was macht die Scheunen enger?
Des Lebens Erntertrag.
Und sollt' ich klagen länger
Noch um den leeren Hag?

Und sollt' ich klagen bänger
Noch um den kürzern Tag,
Weil auf die Nächte länger
Die längste folgen mag?

Nein! wie das Blättlein guldig
Noch in der Sonne nickt,
Und selbst nicht merkt unschuldig,
Daß sie nicht mehr erquickt;

So nimm du hin geduldig
Auch halb erfreuliches.
Noch blickt nicht ganz unhuldig
Ein Aug' ein bläuliches.

Was blieb es denn dir schuldig?
Es lachte Lenzgenuß,
Und lächelt großmuthuldig
Nun auch Herbstscheidegruß.

Die Blume soll nicht sprossen,
Und ringen nicht das Herz;
Das Leben hat geschlossen
Das Buch von Lust und Schmerz.

Wie warm die Sonn' es meinet,
Die Luft wie lind und lieb,
Doch auf der Flur erscheinet
Kein neuer Frühlingstrieb.

Die Lüft' und Lichter weben
An keinem Wiegenband,
Doch schmücken sie dem Leben
Noch schön das Sterbgewand.

Die Raupe hat gesponnen,
Und mein Gemüt sich sehnt,
Wie sich im Strahl der Sonnen
Das Mottenfädchen dehnt.

Die vier Wünsche.

Möcht' ich doch der Felsen sein,
Tief im Grunde das Urgestein,
Hoch im Himmel das Angesicht,
Ewig stehen und wanken nicht.

Möcht' ich doch das Brünnlein sein,
Sprudelnd aus kühlem Grunde rein,
Gehend durch grünes Ufergeschicht,
Ewig rinnen und rasten nicht.

Möcht' ich doch das Bäumlein sein,
Die Wurzel gestreckt in's Ufer hinein,
Die Zweige wiegend im Himmelslicht,
Ewig blühen und welken nicht.

Möcht' ich doch das Vöglein sein
Auf den Zweigen im Sonnenschein,
Das Stimmlein tönend zum Himmel gericht,
Ewig tönen und schweigen nicht.

Der Regenbogen.

Wo der Regenbogen steht,
Steht ein golden Schüsselein;
Wer bis dort hinüber geht,
Sieht es stehen blank und rein.

In dem Schüßlein eingeschenket
Steht ein goldner Himmelswein;
Wer daraus nach Lust sich tränket,
Kann dann nimmer durstig sein.

Hie und dorten früh und spät
Bin ich nach dem Schein gegangen;
Wo er auf der Erde steht,
Nimmer konnt' ich hingelangen.

Nimmer konnt' ich hingelangen,
Wo sich schenkt der goldne Wein;
Und der Durst in mir, noch lange
Wird er nicht gestillet sein.

Der schönste Edelstein.

Ich sah an einem Raine
Vier Gräser stehn gebückt,
Mit einem Edelsteine
Jedes vom Tau geschmückt.

Und drei davon zu neigen
Begannen sich im Tanz,
Um ihr Juwel zu zeigen
In buntem Farbenglanz.

Die eine ließ den blauen,
Die andre den Rubin,
Und die den gelben schauen,
Für Onyx hielt ich ihn.

Allein die vierte Schwester
Stand still und unverwandt;
Mir schien ihr Stein ein bester
Farbloser Diamant.

Das verdorbene Fest.

Mir ist ein Fest verdorben,
Da sich's zu regnen schickt,
Doch euch ist eins erworben,
Ihr Auen, neu erquickt!

Wohlan, so ward für eines
Ein andres Fest mir nur:
Ich feire für mein kleines
Dein großes mit, Natur!

Aufklärung.

Wir graben selber uns die Grube,
Und wissen's alle nicht,
Ein jeder, der auf seiner Stube
Für Volksaufklärung ficht.

Ein Dichter schürt die Freiheitsbrünste,
Es leuchtet ihm nicht ein,
Daß man ihn und die schönen Künste
Als Brennholz wirft darein.

Es müht sich der Gelehrtenorden,
Zu machen leicht aus schwer;
Und sind sie erst verständlich worden,
Sind sie gelehrt nicht mehr.

Die Fürsten steigen von den Thronen,
Die Ritterschaft vom Roß;
Und ließe man papierne Kronen
Euch und ein Feenschloß?

Der Ruhm des wahren Bürgertumes
Hält es für unerlaubt
Zu dulden einen Schein des Ruhmes
Um eines Einzlen Haupt.

Das schlafende Leid.

Ich hab' im tiefsten Grunde
Der Seele ruhn ein Leid,
Das schläft und jede Stunde
Zu wachen ist bereit.
Und wenn es will erwachen
Und blickt mich an, so mag
Von ihm ein Blick mir machen
Trüb einen Sommertag.

Ich blick' ihm in die Augen
Mit meinen beiden tief,
Um ein das Weh zu saugen,
Bis wieder es entschlief;
Dann gehn die Augenlider
Dem Kindlein wieder zu,
Und wieder legt es nieder
Sich in der Seel' in Ruh'.

O Lebensglück und Fülle,
Wie Reiches du umspannst,
Daß du in zarter Hülle
Auch dieses bergen kannst;

Daß dein Genuß verkürzet
Von einem Weh nicht ist,
Von dem du selbst gewürzet
Mit sanfter Wehmut bist.

Welt- und Waldgedränge.

In diesem Wald wie drängt sich's
Von Bäumen groß und klein;
In dieser Welt wie zwängt sich's
Und engt sich alles ein!

Wenn dir ein eignes Fleckchen,
Ein freies Streckchen ward,
So ducke dich in's Eckchen
Nach eines Schneckchens Art.

Bist du am Stock ein Röschen,
Gott danke für und für!
Und bist am Stamm ein Möschen,
So dank' ihm auch dafür.

Die Neuvermählten.

Nun läßt der Lenz wie Träume
Die ersten Blumen blühn,
Und dünnbelaubte Bäume
Verdichten leis' ihr Grün.
Da locken Vogelgatten
Einander in die Schatten;
Sie haben, neuvermählt,
Noch nicht ihr Nest gewählt.

O sieh die weiten Hallen
Vom Frühling aufgethan!
Auf diesen Fluren allen
Ist frei der Lüfte Bahn.
Von allen Laubeskronen
In welcher willst du wohnen,
In welchem Blütenstrauch?
Da will ich wohnen auch.

Die Störung.

Ein Mädchenpaar kam hüpfend,
Durch Blütenbüsche schlüpfend,
Wo ich im Schatten lag;
Sie waren in Bewegung,
Voll holder Lusterregung,
Am schönsten Frühlingstag.

Nun komm und laß uns wandern,
Sprach eine zu der andern,
Durch alle Gänge hier;
In jeder dieser Lauben
Zusammen wie zwei Tauben
Ein Weilchen sitzen wir.

So riefen sie, und kamen
Zur ersten Laub', und nahmen
Darin mich sitzend wahr.
Mein Gott! wie schüchtern prallte
Zurück, wie flüchtig wallte
Vorbei das Taubenpaar.

Verstört alswie vom Geier
War ihre Frühlingsfeier
Im ersten Anbeginn;
Ich hatte nichts gewonnen,
Mir war ein Lied zerronnen,
Das ich gehabt im Sinn.

Doch was die Störung brachte,
Nahm ich geschwind und machte
Ein neues Lied daraus.
In welcher dieser Lauben
Sitzt nun das Paar der Tauben,
Und lacht den Dichter aus?

Die Spiele.

Ich spielte mit Kieseln,
Ein Knabe so jung;
Ich sah sie entrieseln
Und hatt' es genung.

Drauf spielt' ich mit Mädchen
Ein wärmeres Spiel;
Schlecht fiel mir ein Blättchen,
Das Spielchen zerfiel.

Nun spiel' ich noch eben
Mit Jammer und Not;
Verspielt ist mein Leben,
Mit mir spielt der Tod.

Die Göttin im Putzzimmer.

Welche chaotische
Haushälterei!
Welches erotische
Tausenderlei!

Alle die Nischchen,
Alle die Zellchen,
Alle die Tischchen,
All die Gestellchen!

Fächelchen, Schreinchen,
Alle voll Quästchen;
Perlchen und Steinchen
All in den Kästchen!

Blinkende Ringelchen,
Schimmernde Kettchen,
Goldene Dingelchen!
Silberne Blättchen!

Nadel und Nädelchen,
Haken und Häkchen,
Faden und Fädelchen,
Flecke und Fleckchen!

Allerlei Wickelchen,
Allerlei Schleifchen,
Allerlei Zwickelchen,
Allerlei Streifchen!

In der Verwirrung
Buntem Verstrick,
Vor der Verirrung
Banget der Blick.

Welche gewaltige
Zaubrin muß sein,
Die das zwiespaltige
Zwingt zum Verein?

Dort aus der Thüre
Kommt sie gegangen. —
Seht nur die Schnüre!
Seht nur die Spangen!

Alle die Sächelchen,
Wie sie sich regen,
Ihr aus den Fächelchen
Hüpfen entgegen!

Alle die Dingerchen,
Bänderchen, Miederchen,
Ihr um die Fingerchen,
Ihr um die Gliederchen!

Plötzlich von unten
Steht sie bis oben
All mit dem bunten
Flitter umwoben.

Alles, wie fügt sich's
Still und einträchtiglich,
Legt sich's, begnügt sich's,
Wie sie's will mächtiglich.

Die Elemente
Hat sie verbunden,
Hat in's Getrennte
Ganzes empfunden.

Und aus dem lebenden
Inneren Hauch
Wird dem Umgebenden
Leben erst auch.

Schöpfrin, Entfalterin
Himmlischer Zier,
Stehst du, Gestalterin
Muse, vor mir?

Oder du Liebe,
Einigerin,
Ird'scher Getriebe
Reinigerin?

Denn nur ihr beide
Ordnet zum Eins
Buntes Geschmeide
Menschlichen Seins.

Denn nur ihr beide
Wandelt das Nichts,
Chaos, zum Kleide
Himmlischen Lichts.

Der Apotheker.

Kam ein alter, rost'ger,
Kalter, frost'ger,
Dürrer, eingeschrumpfter,
Abgestumpfter,
Arzeneienschmecker,
Gläserlecker,
Apotheker, langsam,
Mühvoll-gangsam,
Durch den Garten schleichend,
Und sah keichend
Bäum' und Pflanzenarten
An im Garten,
Um die Eigenschaften,
Die da haften
An den schönen Sachen,
Auszumachen:
Was für blöde Augen
Möchte taugen?
Was für Ohrenklingen
Aufzubringen?
Und was auszuwittern
Wider's Zittern?
Was die Gicht in Fingern
Möchte ringern,
Und was die in Füßen
Auch versüßen?
Was für Gliederreißen
Gut zu heißen?

Was das Lungenkeuchen
Möchte scheuchen?
Wider Magendrücken
Was zu pflücken?
Wider Seitenstechen
Was zu brechen?
Und was abzurupfen
Wider'n Schnupfen?
Woraus Thee zu kochen
Zur Sechs-Wochen?
Nüchtern was zu kauen
Zum Verdauen?
Was sich ließ im stillen
Drehn zu Pillen,
Oder was verbergen
In Latwergen?
Was da zu bestimmen
Zum Bauchgrimmen,
Und was zu vereinigen
Zum Blutreinigen?
Was zusammen zu scharren
Zu Katarrhen?
Als so weit beklommen
Er gekommen,
Sah ich Bäume wanken
Wie die Kranken,
Daß von welken Stielen
Blätter fielen,
Und am Boden klebten
Gleich Rezepten.

Als fortfuhr das Mustern,
Ward zu Hustern
Aller Nachtigallen
Liederschallen;
Und die Rosenhecken
All vor Schrecken
Wurden leichenfarber
Als Rhabarber.

An die Erde.

O Erde, die du gehest
Im Tanz der schönste Stern,
Um deine Sonne drehest,
Zu nah nicht, noch zu fern;
In deren Blumenwiegen
Das Licht herabgestiegen,
Geboren Mensch zu liegen
Das ew'ge Wort des Herrn.

Du hast erzogen milde
Den Menschen tausend Jahr,
Wie er zu Gottes Bilde
Zuerst geschaffen war;
Ihm, zu der Schöpfung König
Erhöhtem, machst du fröhnig
Dich selbst, und dienstgewöhnig
All deiner Leben Schar.

Die Pflanze wächst der Bildung
Von Strande fort zu Strand,
Der Sittung und Entwildung
Gewinnend Land um Land;

Ihr dient zur Lebensflamme
Der Glaube, Kunst zur Amme,
Die Wissenschaft zum Stamme,
Die Liebe zum Verband.

Hinschwebst du ohne Störung
Leicht tragend deine Wucht,
Und zeitigst ohn' Aufhörung
Die dir vertraute Frucht
Der Menschheit, deine Wonne,
Am ew'gen Strahl der Sonne;
Nun schöpft aus deinem Bronne
Auch meines Daseins Flucht.

Und soll mit Stoß dich trümmern
Einmal ein fremd Gewicht?
So sollte mich bekümmern
Mein eignes Leben nicht,
Noch das der Millionen,
Die wohneten und wohnen
In allen deinen Zonen,
Schaun, und geschaut das Licht.

Es sollte mich nicht kümmern
Zerscheiterndes Gebein;
Doch darf der Geist zertrümmern,
Der ewig sollte sein?
Mit seinen aus den Schranken
Der Erd' in tausend Ranken
Getriebnen Lichtgedanken,
Der Menschheit Edelstein?

Im Guten und im Schönen,
Was alles ward erstrebt,
Und in den heil'gen Tönen
Der Dichtung was gelebt,
Der Weltgeschicht' Erlebnis,
Des Menschenbunds Ergebnis:
Ob man im Weltbegräbnis
Das alles mitbegräbt?

Ich bin von Furcht betreten,
Des Stolzes Flügel sinkt,
Wenn ihr von dort, Kometen,
Mit feur'ger Rute winkt,
Die ihr mit dunst'gen Schweifen,
Wer weiß wie weit, könnt greifen
Und, Welten noch im Reifen,
Von eignem Sprühglanz blinkt.

Zu nah bald, bald zu ferne
Der Sonn' irrt eure Bahn,
Habt im unsteten Kerne
Noch nicht Bestand empfahn;
Ihr ungezügelt wilden,
Die erst sich sollen bilden,
Könnt schon gebildet milden
Nur Störung bringend nahn.

Zwar unsre Astronomen,
Die mit dem kühnen Rohr
Auch euch an Himmelsdomen
Die Bahnen zeichnen vor,

Berechnen uns nach Haaren,
In wieviel tausend Jahren
Von euch was zu befahren
Hab' erst der Erde Flor.

Das kann mir Trost nicht geben,
Noch heitern meinen Blick:
Die Zukunft ist mein Leben,
Mein Los der Welt Geschick.
Viel besser, nie beginnen,
Als tausend Jahr gewinnen,
Was fruchtlos soll zerrinnen
In einem Augenblick.

Trost kann im Großen geben,
Im Kleinen was geschah,
Daß ich der Asch' entschweben
Schon einen Phönix sah.
Nach Weltumkehrungsdünsten,
Fanat'schen Bücherbrünsten,
Ist uns mit allen Künsten
Noch Hellas Genius nah.

So bang' ich vor dem Lose
Auch meiner Erde nicht,
Wenn im Zusammenstoße
Erlischt dein Gleichgewicht;
Du taumelst nicht in's Ferne
Vor dem Vernichtungssterne,
Du wirst in ihm zum Kerne,
An dem es ihm gebricht.

Mit allen Geisterfunken,
Seit Ewigkeit entfacht,
Von denen nicht gesunken
Ein Tröpflein in die Nacht,
Wirst du den Dunst durchleuchten,
Und seine Brunst durchfeuchten,
Daß er sich selbst wird deuchten
Zu schönerm Sein erwacht.

So, wenn in rohen Scharen
Auf mein gesittet Land
Erob'rung der Barbaren
Einst stürzt mit Raub und Brand;
Sie werden's nicht verschlingen,
Es wird sie selbst durchdringen,
Der Geist die Masse zwingen,
Bis höh're Form entstand.

Morgen-Abendstern.

Ich schaut' am Neujahrsabend
Zum Himmel aus, und sah:
Im Westen stand so labend
Der Stern der Liebe da.
Ich blickt' am Neujahrsmorgen
Dann wieder auf, und sieh!
Am Himmel wohlgeborgen
Stand er im Osten hie.

Du hast dich wohl betrogen,
Spricht ein gelehrter Mann;
Weil nie am Himmelsbogen
Geschehn dergleichen kann:
Es läßt der Stern entweder
Dort oder hier sich sehn,
Doch kann er nicht in jeder
Gestalt zugleich bestehn.

Das weiß ich selbst am besten,
Daß nie euch weisen Herrn
Zugleich in Ost und Westen
Erscheint der Liebe Stern.
Der aber, den ich meine,
Der steht an jedem Ort,
Und in viel hellerm Scheine
Als der am Himmel dort.

Der Stern, daß ich es sage,
Ein Stern ist solcher Art,
Wie ich im Busen trage
Die Liebe hoch und zart;
Der hat mich angefunkelt
Wohl zu des Jahres Schluß,
Und strahlet unverdunkelt
Mir auch den Morgengruß.

Der Stern hat mir verheißen,
Daß bei des Himmels Drehn
Und bei der Jahre Kreißen
Er nie will untergehn;

Er will, wie eins sich neiget,
Stets funkeln hell und klar,
Und wie ein andres steiget,
Noch immer heller gar.

O sel'ge Doppelhelle
Von wunderbarem Schein,
An jedes Jahres Schwelle
Mir leuchtend aus und ein!
Nicht auf und nieder gehend,
Bald nah' und bald auch fern,
Nein, fest im Wechsel stehend,
Ein Morgenabendstern.

Wenn nun das ganze Leben
Verrollt ist wie ein Jahr,
Sollst du im Abend eben
Noch stehn so hell und klar;
Und wenn ein neuer Morgen
Aufdämmert aus der Nacht,
So grüß' mich wohlgeborgen
Zuerst in deiner Pracht

Die Winde im Dienst der Sonne.

Woher die Winde kommen,
Wohin die Winde gehn,
Hat niemand wahrgenommen,
Hat niemand eingesehn.

Ich aber hab's empfunden,
Aus welchem Lebensschacht
Ihr Zug ist, und gebunden
An welche Zaubermacht.

Vom lichten Quell der Wonne,
Den trinket Herz und Strauch,
Wie Strahlen von der Sonne
Gehn aus die Winde auch.

Sie haben eigenmächtig
Die Welt mit Kampf erfüllt,
Wenn sich am Tage nächtig
Das Herrscheraug' umhüllt.

Doch wenn die Kön'gin kräftig
Ergreift das Regiment,
So dient ihr gleich geschäftig
Das wilde Element.

Und wie die goldnen Zügel
In leichter Hand sie führt,
So haben sie die Flügel
Auf ihren Wink gerührt.

Das hab' ich in den Tagen
Des Sommers klar gesehn,
Wo ihren Siegeswagen
Sie läßt am höchsten gehn.

Ein frischer Nordost hauchet,
So früh als ich erwacht,
Von dorther wo nun tauchet
Die Sonn' aus kurzer Nacht;

Der aus dem Morgenrote
Geht aus mit Morgentau,
Und weckt als Morgenbote
Das Lied der Morgenau.

Dann steht sie auf den Pfosten
Des Bergs im vollen Schein;
Dann haucht es rein aus Osten,
Und haucht den Himmel rein.

Und wie sich dann südöstlich
Neigt ihre Fahrt gelind,
Halb frisch halb lau weht köstlich
Ein Morgenmittagswind.

Und wo im Hochmittage
Sie stille steht wie müd',
Mit mattem Flügelschlage
Geht durch die Flur der Süd;

Bis nun sie gen Südwesten
In milderm Glanze schwebt,
Und jedes Blatt an Ästen
Des Zephyrs Hauch belebt.

Aufsetzet sie dann festlich
Den Abendwolkenkranz;
Da spielt ein Luftzug westlich
Durch Abendmückentanz.

Und wenn sie ganz am Abend
Neigt dem Nordwesten zu,
Haucht Abendnachtwind labend:
Die Herrin geht zur Ruh'.

Doch ist es Nacht geworden,
Greift in die Äolsharf'
Ein scharfer Hauch aus Norden,
Der jetzo spielen darf.

In schwellenden Akkorden,
Tönt er die ganze Nacht,
Daß auch der starre Norden
Steht unter Sonnenmacht.

Unsichtbar unter'm Norden
Geht hin der lichte Trost
Der Welt, bis hell geworden
Von neuem der Nordost.

Sonne und Wolke.

Wenn Gottes Schöpfung wundervoll
Im Auge sich verklären soll,
Muß hier die Sonne scheinen
Und dort die Wolke weinen;
Sieh, wie die junge Blüte schwoll
An allen Frühlingshainen!

Und wenn der Regenbogen soll
Den Glanz entfalten farbenvoll,
Muß hier die Wolke weinen
Und dort die Sonne scheinen:
O Himmelsschacht, der überquoll
Von Liebesedelsteinen!

Und wenn dein Herz von Wonne voll
In Wehmut überfließen soll,
Muß hier die Sonne scheinen
Und dort die Wolke weinen;
Die Erde fordert ihren Zoll,
Der Himmel fordert seinen.

Zwischen Mond und Sonne.

Ich sah dem Glanz
Der Sonne nach,
Sie brückte ganz
Mit Gold den Bach.

Und als ihr Bild
Ich sah nicht mehr,
Da glänzt' es mild
Vom Rücken her.

Umwandt' ich mich,
Der Mond ging auf.
Die Sonn' entwich,
Nun komm im Lauf!

Der Sonne Gold
Zerschmolz im Bach;
Nun streu' ihm hold
Dein Silber nach!

So zwischen Gold
Und Silberglanz,
O flösse hold
Mein Leben ganz!

Aus Italien.

1.

Lied.

Die Erde war ein bunter
Blumengeschmückter Dom,
Vom Bergaltar herunter
Ergoß sich Duftarom.
Die Nachtigallen sangen,
Und Maienglocken klangen,
Ich ging im Frührot munter
An Roma's heil'gem Strom.

Ich dachte, wie die Zeiten
Sich wechselnd umgetauscht,
Seit an der Weltstadt Seiten
Der Strom hinunter rauscht;
Wie nichts der Welt geblieben,
Als daß noch Herzen lieben,
Und Phantasie dem Gleiten
Der Lebenswogen lauscht.

O Frühling, ewig neuer,
Der eh'r als Rom gelebt,
Und um dies alt Gemäuer
Mit Jugendglanz noch webt!
Wie sollt' ich denn mich kümmern,
O Welt, um deine Trümmern?
Ich fühle nur das Feuer,
Das mir den Busen hebt.

Du ziehst, o gelbe Tiber,
Hinaus nach Ostia:
Mir aber wär' es lieber,
Wär' hier mein Liebchen nah;
Sie weilt mit ihrem Ache
An einem deutschen Bache,
Und fragt, warum ihr Lieber
Zog nach Italia?

Warum ich fortgezogen
Von dir und deinem Bach?
Um hier der Lüfte Wogen
Zu schwellen durch mein Ach,
Um in der Tiber Wellen
Zu weinen meine Quellen,
Und unter Tempelbogen
Zu denken an dein Dach.

Wohl alle Bäche fließen,
Und alle Ström' in's Meer,
Und Liebesaugen gießen
Sich niemals thränenleer.
O weine du dort eine,
Wie ich hier eine weine,
Und eine Muschel schließen
Soll sich um beide her.

Meerfrauen, die ihr gerne
Mit Perlen schmückt das Haar,
Nehmt aus dem Muschel-Kerne
Das stille Liebespaar,

Sprecht: Dieser milden Lichter
Stammt eins von einem Dichter,
Und eins von einem Sterne,
Der fern dem Dichter war.

2.

Lied am Vesuv.

Der Vesuv, an dem wir hausen,
Der mit einem Ausbruch droht;
Bis die Lavaströme brausen,
Schreckt uns weiter keine Not.

Wer in hohen Häusern wohnet,
Hat vom Einsturz mehr Gefahr;
Meines bleibt vielleicht verschonet,
Weil es immer niedrig war.

Räumen sollten wir die Hütten,
Wo die Väter wohnten? Nein!
Bis der Sturm sie wird zerrütten,
Reißen wir nicht selbst sie ein.

Süße Vaterlandes-Erde,
Zwar von Lava schwarz gestreift,
Wo noch weidet meine Herde,
Wo noch meine Traube reift.

Meine Herde will ich weiden,
Meinen Most in Scherben thun;
Was da kommt, ich will es leiden,
Und solang' in Frieden ruhn.

Als die Asche kam zu regnen,
Wurden Städte dort bedeckt;
Dieses kann uns auch begegnen,
Doch es hat uns nicht geschreckt.

Fruchtbar wird der Boden werden,
Wann der Sturm vorbeigeflohn;
Enkel weiden meine Herden,
Trauben keltern wird mein Sohn.

Knabe sieh, die Nacht will dunkeln,
Treib' die Herde langsam ein!
Nächtlich soll im Becher funkeln
Unser Christithränenwein.

Rückblick.

Im Flüstern kühler Bäume,
Vom Frühlingshauch bewegt,
Hab' ich an grüne Säume
Des Bachs mich hingelegt.

Ich denk' an frühe Zeiten,
Wo ich mit minder Ruh'
So sah die Wellen gleiten,
Und lauschte so dazu.

Die Schlange der Umschnürung
Lauscht' in dem Blütenstrauch,
Und Odem der Verführung
War in des Frühlings Hauch.

Nun ist mir nicht mehr bange
Bei deinem Reiz, Natur!
Gestorben ist die Schlange,
Und schöner lebst du nur.

Kindertotenlieder.

1.

Mein Engelchen, mein Engelchen,
Du willst gewiß entfliegen!
Gefällt dir's nicht bei uns? o sprich!
So ungeduldig seh' ich dich
Auf deinen Schwingen wiegen.

Mein Engelchen, mein Engelchen,
Du willst gewiß entschweben!
Du wirst ja schöner jeden Tag,
Es zittert meines Herzens Schlag,
Du wirst zu schön für's Leben.

Mein Engelchen, mein Engelchen,
Du willst gewiß entwallen!
Wirst jede Stunde lieber mir,
Ich fühl's mit Furcht, ich hab' an dir
Zu großes Wohlgefallen

2.

Ach daß ohne Wehen
Wie ein Blütenstrauch
Kinder könnten gehen
Aus dem Boden auch!

Daß sie ohne Leiden
Sinken in den Staub
Dürften und verscheiden
Wie ein Rosenlaub!

Mutter unter'm Herzen
Trug sie schmerzenvoll,
Die sie unter Schmerzen
Sterben sehen soll.

3.

Es bringt die Magd die Todeskunde
Vom Schwesterchen der Knabenschar;
Da rufen sie mit Einem Munde:
Sie ist nicht tot, es ist nicht wahr.

Sie sehen sie mit blassem Munde,
Mit weißer Wang' im dunklen Haar,
Und flüstern leiser in die Runde:
Sie ist nicht tot, es ist nicht wahr.

Der Vater weint aus Herzenswunde,
Die Mutter weint, sie nehmen's wahr
Und bleiben doch bei ihrem Grunde:
Sie ist nicht tot, es ist nicht wahr.

4.

All Ros' auf Rose kam, um dir
Die Wange zu bezieren,
Doch tief im Herzen war es mir,
Als sollt' ich dich verlieren.

Ging ich im Felde hier und dort
Gewohnheit-nach spazieren,
Vermied ich sorglich einen Ort,
Als sollt' ich dich verlieren.

Den Kirchhof mied ich, denkend nie
An andern Tod, als ihren,
Mir war's als Rose müßte sie
Einst jenen Hag mir zieren.

Was half es, daß ich selber mied,
Dahin mich zu verlieren,
Wenn diesen Ort ihr Gott beschied
Vor anderen Revieren?

Ich konnte wohl, den Ort zu fliehn,
Den eignen Schritt regieren;
Ich mußte doch hin lassen ziehn
Die Ros', um ihn zu zieren.

Und seit man meine Rose dort
Gepflanzt, den Hag zu zieren,
Vermeid' ich nicht mehr scheu den Ort
Wie vormals beim Spazieren.

Ja mir geworden ist er traut
Vor anderen Revieren,
Seit ich die Ros' ihm anvertraut,
Um nie sie zu verlieren.

5.

Ich sprach zu meinem Mädchen:
Nun fährt, schlaf' ein, schlaf' ein!
Im Wagen mit goldnen Rädchen
Am Himmel das Christkindlein.

Von viel gar schönen Sachen
Ist sein Kütschchen beschwert,
Und wenn du wirst erwachen,
Sind sie dir alle beschert.

Und so schlief ein mein Mädchen
Und sprach, als es erwacht:
„Das Kütschchen mit goldnen Rädchen
Hab' ich gesehn bei Nacht.

„Es fuhren die goldnen Rädchen
Im Himmel mit schnellem Lauf;
Herab hing ein goldnes Fädchen,
An dem stieg ich hinauf."

„„Nein, nein, es wird sich neigen
Mit seinen Waren zu dir;
Du sollst hinauf nicht steigen,
Kind, du sollst bleiben bei mir.""

Darauf hat mein Kind geschwiegen
Und nicht mehr gesprochen ein Wort;
Und nun ist's hinauf gestiegen
Am goldenen Fädchen dort.

Es war ein so leichtes Mädchen,
Des Herzchen zu fliegen schien!
Genug war ein goldnes Fädchen,
Um es hinaufzuziehn.

Uns aber, schwerer beladen
Von Kummer oder von Schuld,
Auch uns am goldenen Faden
Wird hinaufziehn die Huld.

6.

Ich hatte dich lieb, mein Töchterlein!
Und nun ich dich habe begraben,
Mach' ich mir Vorwürf', ich hätte fein
Noch lieber dich können haben.

Ich habe dich lieber, viel lieber gehabt,
Als ich dir's mochte zeigen;
Zu selten mit Liebeszeichen begabt
Hat dich mein ernstes Schweigen.

Ich habe dich lieb gehabt, so lieb,
Auch wenn ich dich streng gescholten;
Was ich von Liebe dir schuldig blieb,
Sei zwiefach dir jetzt vergolten!

Zu oft verbarg sich hinter der Zucht
Die Vaterlieb' im Gemüte;
Ich hatte schon im Auge die Frucht,
Anstatt mich zu freun an der Blüte.

O hätt' ich gewußt, wie bald der Wind
Die Blüt' entblättern sollte!
Thun hätt' ich sollen meinem Kind,
Was alles sein Herzchen wollte.

Da solltest du, was ich wollte, thun,
Und thatst es auf meine Winke.
Du trankst das Bittre, wie reut mich's nun,
Weil ich dir sagte: trinke!

Dein Mund, geschlossen von Todeskrampf,
Hat meinem Gebot sich erschlossen;
Ach! nur zu verlängern den Todeskampf,
Hat man dir's eingegossen.

Du aber hast, vom Tod umstrickt,
Noch deinem Vater geschmeichelt,
Mit brechenden Augen ihn angeblickt,
Mit sterbenden Händchen gestreichelt.

Was hat mir gesagt die streichelnde Hand,
Da schon die Rede dir fehlte?
Daß du verziehest den Unverstand,
Der dich gutmeinend quälte.

Nun bitt' ich dir ab jedes harte Wort,
Die Worte, die dich bedräuten,
Du wirst sie haben vergessen dort,
Oder weißt sie zu deuten.

7.

Du heißest Ernst, und Spielen war dein Ziel,
Du warest uns und warst dir selbst ein Spiel
O wie so furchtbar ernst
Du wurdest nun, indem du dich entfernst!
Fahr' wohl, auf heitres Wiedersehn, mein Ernst!

Du hast gelächelt nicht, du hast gelacht,
Mit sonn'gem Blick die Nacht zum Tag gemacht.
O wie du todesernst
Das Lachen nun, das Lächeln selbst verlernst!
Fahr' wohl, auf frohes Wiedersehn, mein Ernst!

Wie ist der Mund, der niemals schwieg, verstummt,
Das letzte schwergelallte Wort versummt;
O der du schweigend ernst
Hinscheidend uns des Lebens Nacht entsternst,
Fahr' wohl, auf beßres Wiedersehn, mein Ernst!

Geh' hin, wo dich die Schwester lächelnd grüßt,
Des Todes Bitterkeit im Mund versüßt,
Daß nach dem stummen Ernst
Dein frohes Plaudern du bald wieder lernst,
Fahr' wohl, auf schönres Wiedersehn, mein Ernst!

Geh', wo sie dir anlachend sich enthüllt,
Mit Lächeln dir die Wangengrübchen füllt;
Geh', daß du heiter ernst
Mit ihr die Nacht der Hoffnung uns besternst,
Fahr' wohl, auf heitres Wiedersehn, mein Ernst!

8.

Von des Lebens Plage
Hast du nichts geschmeckt
Als die vierzehn Tage,
Die dich hingestreckt;
Sie sind überstanden,
Geh' nun hin und sei
Von des Lebens Banden
Und des Todes frei!

Heißer Tagesmühe
Bist du schön entrückt,
Wie in goldner Frühe
Blum' im Tau gepflückt.
Unbefangen hüpftest
Du fünf Jahre lang;
Länger, so entschlüpftest
Du hier nicht dem Zwang.

In die dumpfe Schule
Müßtest du hinein.
Dort auf goldnem Stuhle
Mit dem Schwesterlein
Horchst du einem Engel,
Lernest froh gerührt,
Der den Lilienstengel
Statt des Bakels führt.

9.

Was kann mich denn verhindern?
Ich will zu meinen Kindern.

Was soll ich länger weilen
Und sehn, wie sie enteilen?
Sie sind voran geflogen,
Nicht meiner Lieb' entzogen,
Ich nehm' ein schnell Gefieder,
Und einhol' ich sie wieder.
Geschwind nach den Geschwindern!
Ich will zu meinen Kindern.

Mir rufen nach die Großen:
Und sind wir denn verstoßen?
Es ruft mir nach der Gatte,
Ob ich nie lieb ihn hatte?
Ja! doch ich höre weinen
Von dorther meine Kleinen:
Mehr brauchen mich die mindern,
Ich will zu meinen Kindern.

Was hemmt mich denn im Fluge?
Was wehrt dem Herzenszuge?
Der Mutter ruft's von oben:
Wir zwei sind aufgehoben,
Doch dort sind aufzuheben
Vier andre, die noch leben.
Das soll den Schmerz mir lindern,
Ich will zu meinen Kindern.

10.

Der Mai macht alles grün,
Nur meine Hoffnung nicht.
Er macht die Rosen blühn,
Wie euer Angesicht,

Und läßt die Sonne glühn,
Wie euer Freudenlicht.
Der Mai macht alles grün,
Nur meine Hoffnung nicht.

Der Mai macht alles grün,
Auch meiner Kinder Grab.
Mit seinem Taue sprühn
Die Thränen mir hinab,
Und seine Lüfte mühn
Sich mit den Seufzern ab.
Der Mai macht alles grün,
Auch meiner Kinder Grab.

11.

Sprechen muß ich immerdar:
Ach, das ist nicht! ach, das war!

In ein Bild versenk' ich mich
Mit Gedanken lieb und traut,
So darein verdenk' ich mich,
Bis es lebend an mich schaut.
Doch den Zauber stört ein Laut,
Und es wird mir plötzlich klar:
Ach, das ist nicht! ach, das war!

Wenn ich in den Garten geh',
Den der Morgen frischgeweint,
Und ein Paar von Rosen seh',
Das mich anzulächeln scheint,

Hab' ich mich beglückt gemeint,
Doch es tönt im Rosenpaar:
Ach, das ist nicht! ach, das war!

Neulich führte mich ein Traum
Durch das allerschönste Land,
Durch den hellsten Himmelsraum,
Und an zweier Engel Hand,
Welches Glück mein Herz empfand!
Und vergessen hatt' ich gar:
Ach, das ist nicht! ach, das war!

Wie nach ihrem Angesicht
Sich das meine wendete,
Kannt' ich sie und wieder nicht,
Weil ihr Licht mich blendete.
O wie trüb' es endete!
Selbst im Traume sprach ich klar:
Ach, das ist nicht! ach, das war!

Wenn mir in den Traum hinein
Das Bewußtsein vom Verlust
Folgt und so zerstört den Schein;
Kann ich wachend, mein bewußt,
Hoffen einer Täuschung Lust?
Sprechen muß ich immerdar:
Ach, das ist nicht! ach, das war!

12.

Es brannt' in meiner Kammer
Ein Lämplein sonst bei Nacht,
Das ging nun aus, o Jammer,
Das hat der Tod gemacht.

Es brannte für die Kleinen
Das Lämplein in der Nacht,
Daß sie nicht sollten weinen,
Wenn sie mir aufgewacht.

Sie schliefen ohne Weinen,
Und sind nie aufgewacht,
Doch gerne ließ ich scheinen
Das Lämplein in der Nacht.

Ich sah bei seinem Scheinen
Gern, wenn ich aufgewacht,
Wie ruhig meine Kleinen
Fortschliefen in der Nacht.

Nun hat man meine Kleinen
Gebettet außer'm Haus,
Ich lösche nun mit Weinen
Das nächt'ge Lämpchen aus.

Wozu noch sollt' es scheinen?
Die Bettchen stehen leer,
Ich seh' darin die Kleinen
Im Schlaf nicht lächeln mehr.

13.

Ich hab' ein Märchen gehört einmal:
Ein Mann waldeinwärts machte
Den Weg, da saß im Abendstrahl
Ein Kinderpaar und lachte.

Das lachende Paar ihn Wunder nahm,
Doch ging er den Weg hernieder,
Und als hinaus vor den Wald er kam,
Da saß das Pärchen wieder.

Mit Staunen hat er hier wie dort
Das lachende Paar gefunden;
Noch einmal sieht er hin zum Ort,
Da ist das Paar verschwunden.

Wo ich nun geh' durch Wald und Flur
Da ist mir's wie ein Märchen,
An Ein- und Ausgang seh' ich nur
Ein lächelndes, lachendes Pärchen.

So hab' ich selber nie gelacht,
Noch hören und sehen lachen;
Sonst hat es das Herz mir froh gemacht,
Soll's nun mich traurig machen?

Nein, daß es einst mich froh gemacht,
Soll jetzt noch froh mich machen;
Mein Herz in seinem Jammer lacht,
Seh' ich mein Pärchen lachen.

14.

Ich kann hinauf nicht steigen,
Hinauf zu dir;
Du kannst herab dich neigen,
Herab zu mir.

Du kannst herab dich neigen,
Zu mir herab.
Die Sommerlüfte schweigen
Auf deinem Grab.

Die Sommerlüfte schweigen
Um deine Gruft;
O komm im Sternenreigen
Aus Himmelsduft!

O komm im Sternenreigen
Mit Äthertau!
Laß dir noch einmal zeigen
Die Erdenau!

Laß dir noch einmal zeigen
Den Frühlingsglanz!
Zeig' mir, was dort dir eigen
Ist für ein Kranz.

Zeig' mir, was dort dir eigen
Zum Spiel man gab!
Ich kann hinauf nicht steigen,
O steig' herab!

15.

Ich wollt' eine Knospe pflücken
Im Morgenglanz,
Mich frühlingsgemäß zu schmücken
Mit einem Kranz.

Da hört' ich die Knospe sprechen
Mit leisem Ton:
Und willst du mich also brechen
Im Frühtau schon?

Ich bitte bei deinem Kinde,
Dir früh geraubt:
Mir sei noch im Frühlingswinde
Ein Tag erlaubt!

16.

Es waren meine Kindchen
Zu halten nicht im Haus,
Wann mit dem Schäferhündchen
Die Schafe zogen aus.
Sie hüpften mit den Lämmern
Durch's Feld im Abendschein,
Und trieben dann beim Dämmern
Sich mit der Herd' auch ein.

Nun treibt mit seinen Schafen
Der Schäfer ein und aus;
Ihr habet es verschlafen,
Ihr schlaft auch gar nicht aus!

Doch bei des Abends Dämmern,
Da seh' ich hell und klar
Bei ros'gen Wolkenlämmern
Dort ruhn mein Kinderpaar.

17.

Ich hab' es allen Büschen gesagt,
Und hab' es allen Bäumen geklagt,
Und jeder grünenden Pflanze,
Und jeder Blum' im Glanze.

Und wieder von neuem klag' ich es,
Und immer von neuem sag' ich es,
Und immer haben indessen
Sie wieder mein Leid vergessen.

Vergessen bist du in diesem Raum
Von Blum' und Pflanze, Busch und Baum,
Nur nicht von diesem Herzen,
Kind meiner Wonnen und Schmerzen.

Zum Schlusse.

Die Welt ist rauh und dumpf geworden,
Die Stimm' entfiel ihr nach und nach,
Die einst in tönenden Akkorden
Zum offnen Ohr des Menschen sprach.

Als, aus der Welten Mitte quellend,
Von Gottes Thron, ein Chorgesang
Der Engel, durch die Räume schwellend,
Bis an der Schöpfung Grenzen drang;

Als, seine Sternenkreise schwingend,
Der Himmel sprach zur Erd' hinab,
Und sie entgegen leise klingend
Aus ihren Blumen Antwort gab;

Da, in der Ozeane Brausen,
Darüber Gottes Odem fuhr,
Vernahm der Mensch mit heil'gem Grausen
Die Äolsharfen der Natur.

Die Morgen- und die Abendwinde
Verkündigten den Preis des Herrn,
Und flüsterten dazwischen linde
Von menschlichen Gefühlen gern.

Von Liebe sprach das Blatt am Baume,
Und lieblich war des Tieres Ruf;
Der starre Stein, er sprach im Traume,
Daß ew'ge Lieb' auch ihn erschuf.

Und ungehindert, wie vom Quelle
Sich Wog' auf Wog' hernieder goß,
So war des Worts kristallne Helle,
Die von der Menschenlippe floß.

Die Brust ein Spiegel ungetrübet,
Gefühl ein reiner Wiederhall,
Gesang durch keine Kunst geübet,
Der Dichter eine Nachtigall.

O hätt' ich jenen goldnen Tagen,
Als frei des Mundes Flut gerollt,
Die goldnen Saiten Freimund schlagen
Vor'm Ohr der ganzen Welt gesollt.

Wie hätt' er von dem Ewig-Schönen,
Von Lieb', aus der die Schöpfung quillt,
Gewollt in erdentbundnen Tönen
Entfalten rein ein Himmelsbild.

Nun haben der Natur Gewalten
Zu wildem Kampfe sich empört,
Die Harmonie der Weltgestalten
Ist vor des Menschen Blick gestört.

Die ew'ge Schönheit hat den Schleier
Genommen vor ihr Angesicht,
Und kaum vernimmt des Dichters Leier,
Was die der Sterne droben spricht.

Der Elemente feindlich Hadern
Raubt seine Stille dem Gefühl,
Und zuckend durch der Menschheit Adern
Geht leidenschaftliches Gewühl.

Sich machen unter'm Himmelsbogen
Die Stürme durch Zerstörung Bahn,
Und stürmisch geht in hohlen Wogen
Des Menschenlebens Ozean.

Es regt sich die Natur im Grimme,
Weil gegen sie der Mensch im Kampf;
Zum Schrei wird ihr die sanfte Stimme,
Und die Geberde wird zum Krampf.

Die losgerißnen Erze dröhnen,
Zerreißend ihrer Mutter Schoß,
Sie wollen nicht mehr Liebe tönen,
Werkzeuge der Zerstörung bloß.

Den Baum der Phantasie entbildert
Nun des Verstandes kalte Hand;
Die Blume des Gefühls verwildert,
Der Quell der Dichtung stockt im Sand.

Und Freimund, wenn er klar will singen,
Was er nur ahnt, und klar nicht sieht,
Muß mit dem Wort um Ausdruck ringen,
Und kämpfen mit der Sprach' um's Lied.

Und wenn von Nachtigall und Rosen
Ein Frühlingshauch sein Lied durchdringt,
So seufzt er, wie das laute Tosen
Des Marktes spurlos es verschlingt.

Aus dem Nachlaß.

Lieder und Sprüche.

1.

Meine kleinen Gedichte
Kommen wie kleine Blumen mir vor,
Lauter winzige Wichte,
Aber zusammen doch ein Flor,
Und hervor aus dem Chor
Blicken Vergißmeinnichte.

2.

Soviel Blättchen im Winde wehen,
Soviel Blumen in Blüte stehen,
Soviel Vögel sich locken,
Soviel eilende Lüfte gehen,

Soviel Strahlen von Licht sich drehen,
Soviel Wölkchen sich flocken;
Soviel locken ein Lied hervor,
Soviel wecken den Liederchor
Und wenn ich allen lieh' ein Ohr,
Sie würden zu tausend Schocken.

3.

Ich werde die Nachtigall nicht sein
Unter der Singvögel Schar,
Weil ich nicht sing' im Mai allein,
Sondern das ganze Jahr.

Doch war ich einmal eine Nachtigall,
Als für mich war ein Mai;
Und wenn ich denk' an jenen Schall,
Mein' ich, daß ich's noch sei.

Herr, du hast's beschert!

Ich geb' aus meinen Händen
Mein Los in deine Hand;
Du mögest, Herr, es wenden
Mit göttlichem Verstand:
Du weißt, was ich nie wußte,
Was mir ist nutz und gut;
Nur sicher vor'm Verluste
Bin ich in deiner Hut.

Was mir zum Heil gereichet,
Ist dir bekannt allein;
In meinen Augen gleichet
Dem Wesen oft der Schein.
Wenn du mir Unglück sendest,
So nehm' ich's an als Glück;
Und wenn du Segen spendest,
O nimm ihn nicht zurück!

Wohl fühlet mein Gemüte,
Beschwert von seiner Schuld,
Sich unwert aller Güte,
Unwürdig jeder Huld,
Die du mir hast bewiesen;
Doch, Herr, du hast's beschert,
Die Großmut sei gepriesen,
Der du mich fandest wert.

Dauerhaft.

Und wenn in ihrem Liebesglanz
Erlischt die letzte Rose,
So bleibt uns noch ein Winterkranz
Von dunkelgrünem Moose.

Nichts Blühendes, was blüht und fällt,
Wird dauerhaft besessen,
Farbloses nur, was Probe hält,
Hier Moos und dort Cypressen.

Linde.

O Lindenbaum, ich höre,
Denn sehen kann ich's nicht:
Mir geben Bienenchöre
Von deinem Blühn Bericht.
O mög' ihr süßes Summen
Nie meinem Ohr verstummen.

Es haben fromme Lüfte
Sich auch dazu gesellt,
Mit lieblichem Gedüfte
Die Seele mir geschwellt:
Mit zwei gesunden Sinnen
Hab' ich die Welt noch innen.

Genügsamkeit.

Die kleine Muschel lehre dich Genügsamkeit,
Ein Tröpfchen saugt sie ein, das wird zur Perle;
Der Wal schluckt Wasser ein in seinen Rachen weit,
Und nichts als Thran ist in dem Kerle.

Wann soll ich sterben?

Soll ich am liebsten im Winter sterben,
Wann weiß ist der Fluren Totenkleid?
Aber ich scheue den Frost, den herben,
Und ich verschieb' es auf andre Zeit.

Soll ich lieber im Frühling scheiden,
In aller Blumen Grabgeleit?
Selbst möcht' ich noch unter den Blumen weiden,
Und ich verschieb' es auf andre Zeit.

Soll ich mitten im Sommer sterben,
Wann jedem Halme die Sichel droht?
Gern säh' ich noch die Traube sich färben,
Bis dahin verschieb' ich den Tod.

Soll ich im Herbst mit den Blättern verwehen,
Die Schwalbe wandert frohen Muts,
Scheidend singt sie: auf Wiedersehen!
Und wenn sie nicht wieder mich sieht, was thut's?

In jeder Zeit ist gut zu sterben,
Sterben ist übel in jeder Zeit;
Der Tod soll mir nicht das Leben verderben,
Und wenn ich soll sterben, so bin ich bereit.

Vogelgesang und Menschengesang.

Die Amsel singt dasselbe Lied
Bei jedes Tags Erwachen,
Wie ihr es die Natur beschied,
Sie braucht es nicht zu machen.

Du aber fühlest keinen Tag
Dir wie den andern tagen,
Und mußt mit neuem Herzensschlag
Stets neuen Ton anschlagen.

Schwalbengruß.

Die Schwalbe kam geflogen;
Kaum hatt' ich sie gesehn,
So ist sie weggezogen
In rauher Lüfte Wehn.

Sie grüßte mich verstohlen,
Wie soll ich es verstehn?
Es klang wie „Gott befohlen“,
Nicht wie „auf Wiedersehn!“

Zagen und Hoffen.

Mit zagem Finger klopf' ich an
An eine dunkle Pforte,
Und wie sie mir wird aufgethan,
Bin ich an keinem Orte.

O hält kein Bote sich bereit,
Der mich des Weges führe,
Daß ich in der Unendlichkeit
Mich nicht im Nichts verliere?

Ich bin allein zu schwach zu gehn,
Du mußt die Hand mir fassen,
Und soll ich fröhlich auferstehn,
Darfst du mich nicht verlassen.

Zum „Liebesfrühling“.

Himmelfahrt 1861.

Ich denk' an alte Zeiten,
Und werde jung dabei;
Mein Schifflein seh' ich gleiten,
Als ob es heute sei.

Es glitt auf stillem Weiher,
Und ihm zur Seit' ein Schwan;
Da spannt' ich meine Leier,
Und hub zu singen an.

Ich höre noch mich singen,
Nicht aber, was ich sang,
Wie auf des Liedes Schwingen
Ich mich zum Himmel schwang.

Die Wellenmädchen lauschten
Mit schüchterner Begier,
Doch aus den Lüften tauschten
Die Engel Gruß mit mir.

Noch war's unausgesungen,
Mein Schifflein war am Land,
Da ich mich hold umschlungen
Von meinem Engel fand.

Du hast mich sanft geleitet
Durch lauter Frühling hin,
Die Flügel dann gebreitet,
Zum Himmel zu entfliehn.

Dich hab' ich nicht verloren,
Solang' ich fühlen kann,
Du siehst mich neugeboren
In jedem Frühling an.

II.

Vaterland. Geschichte.

Die drei Gesellen.

Es waren drei Gesellen,
Die stritten wider'n Feind,
Und thäten stets sich stellen
In jedem Kampf vereint.
Der ein' ein Österreicher,
Der andr' ein Preuße hieß,
Davon sein Land mit gleicher
Gewalt ein jeder pries.
Woher war denn der dritte?
Nicht her von Östreichs Flur,
Auch nicht von Preußens Sitte,
Von Deutschland war er nur.

Und als die drei einst wieder
Standen im Kampf vereint,
Da warf in ihre Glieder
Kartätschensaat der Feind.
Da fielen alle dreie
Auf einen Schlag zugleich;
Der eine rief mit Schreie:
Hoch lebe Österreich!

Der andre, sich entfärbend,
Rief: Preußen lebe hoch!
Der dritte, ruhig sterbend,
Was rief der dritte doch?

Er rief: Deutschland soll leben!
Da hörten es die zwei,
Wie rechts und links daneben
Sie sanken nah dabei;
Da richteten im Sinken
Sich beide nach ihm hin,
Zur Rechten und zur Linken,
Und lehnten sich an ihn.
Da rief der in der Mitten
Noch einmal: Deutschland hoch!
Und beide mit dem dritten
Riefen's, und lauter noch.

Da ging ein Todesengel
Im Kampfgewühl vorbei,
Mit einem Palmenstengel,
Und liegen sah die drei.
Er sah auf ihrem Munde
Die Spur des Wortes noch,
Wie sie im Todesbunde
Gerufen: Deutschland hoch!
Da schlug er seine Flügel
Um alle drei zugleich,
Und trug zum höchsten Hügel
Sie auf in Gottes Reich.

Barbarossa.

Der alte Barbarossa,
Der Kaiser Friederich,
Im unterird'schen Schlosse
Hält er verzaubert sich.

Er ist niemals gestorben,
Er lebt darin noch jetzt;
Er hat im Schloß verborgen
Zum Schlaf sich hingesetzt.

Er hat hinabgenommen
Des Reiches Herrlichkeit,
Und wird einst wiederkommen,
Mit ihr, zu seiner Zeit.

Der Stuhl ist elfenbeinern,
Darauf der Kaiser sitzt:
Der Tisch ist marmelsteinern,
Worauf sein Haupt er stützt.

Sein Bart ist nicht von Flachse,
Er ist von Feuersglut,
Ist durch den Tisch gewachsen,
Worauf sein Kinn ausruht.

Er nickt alswie im Traume,
Sein Aug' halb offen zwinkt;
Und je nach langem Raume
Er einem Knaben winkt.

Er spricht im Schlaf zum Knaben:
Geh' hin vor's Schloß, o Zwerg,
Und sieh, ob noch die Raben
Herfliegen um den Berg.

Und wenn die alten Raben
Noch fliegen immerdar,
So muß ich auch noch schlafen
Verzaubert hundert Jahr.

Geharnischte Sonette.

1.

Was schmiedst du, Schmied? „Wir schmieden Ketten, Ketten!“
Ach, in die Ketten seid ihr selbst geschlagen.
Was pflügst du, Baur? „Das Feld soll Früchte tragen!“
Ja, für den Feind die Saat, für dich die Kletten.

Was zielst du, Schütze? „Tod dem Hirsch, dem fetten.“
Gleich Hirsch und Reh wird man euch selber jagen.
Was strickst du, Fischer? „Netz dem Fisch, dem zagen.“
Aus eurem Todesnetz wer kann euch retten?

Was wiegest du, schlaflose Mutter? „Knaben.“
Ja, daß sie wachsen, und dem Vaterlande,
Im Dienst des Feindes, Wunden schlagen sollen.

Was schreibest Dichter du? „In Glutbuchstaben
Einschreib' ich mein' und meines Volkes Schande,
Das seine Freiheit nicht darf denken wollen.“

2.

Ihr Ritter, die ihr haus't in euren Forsten,
Ist euch der Helmbusch von dem Haupt gefallen?
Versteht ihr nicht den Panzer mehr zu schnallen?
Ist ganz die Rüstung eures Muts zerborsten?

Was sitzet ihr daheim in euren Horsten,
Ihr alten Adler, habt ihr keine Krallen?
Hört ihr nicht dorther die Verwüstung schallen?
Seht ihr das Untier nicht mit seinen Borsten?

Schwingt eure Keulen! denn es ist ein Keuler;
Er wühlt, er droht, voll Gier nach schnödem Futter
Stürzt er den Stamm, nicht bloß des Stammes Blätter.

Es ist ein Wolf, ein nimmersatter Heuler,
Er frißt das Lamm, er frißt des Lammes Mutter;
Helft, Ritter, wenn ihr Ritter seid, seid Retter!

3.

Sprengt eure Pforten auf, ihr Kaukasusse,
Und speiet Waffen! brecht durch eure Dämme,
Ihr Wolgaströme, macht aus Felsen Schwämme,
Braus't über Deutschland hin in Siegsergusse! —

Was will auf deinen Feldern denn der Russe,
Deutschland? dir beistehn! Hast du keine Stämme
Im eignen Wald mehr, dich zu stützen? Memme,
Daß du nicht stehn kannst, als auf fremdem Fuße.

Du, die du liegst am Boden ausgestrecket,
Du stehst nicht auf in kräft'ger Selbstaufraffung,
Ein fremder Retter hat dich aufgeschrecket.

Wird er durch seines nord'schen Armes Straffung
Dein Siechtum kräft'gen, oder angestecket
Auch selbst von dir heimtragen die Erschlaffung?

4.

Es steigt ein Geist, umhüllt von blankem Stahle,
Des Friedrichs Geist, der in der Jahre sieben
Einst that die Wunder, die er selbst beschrieben,
Er steigt empor aus seines Grabes Male,

Und spricht: Es schwankt in dunkler Hand die Schale.
Die Reiche wägt, und meins ward schnell zerrieben.
Seit ich entschlief, war Niemand wach geblieben;
Und Roßbachs Ruhm ging unter in der Saale.

Wer weckt mich heut und will mir Rach' erstreiten?
Ich sehe Helden, daß mich's will gemahnen,
Als säh' ich meine alten Ziethen reiten.

Auf, meine Preußen, unter ihre Fahnen!
In Wetternacht will ich voran euch schreiten,
Und ihr sollt größer sein als eure Ahnen.

5.

Der alte Fritz saß drunten in den Nächten,
Auf einem Thron aus Thatenglanz gewoben,
Und dachte, weil den Busen Seufzer hoben,
An sein einst freies Volk, das ward zu Knechten.

Da kam, solange von des Schicksals Mächten
Im ird'schen Stand des Lebens aufgehoben,
Sein alter Bruder kam jetzt her von droben,
Den sah er und hub an: Will Preußen fechten?

Der aber sprach mit Siegesglanz im Blicke:
Ich komme dir als Bote, daß erschienen
Nun ist die Stunde, wo es bricht die Stricke.

Da sprang der alte König auf mit Mienen,
Alsob er selbst zum neuen Kampf sich schicke,
Und sprach: „Jetzt will ich wieder sein mit ihnen."

6.

„Das Schwert, das Schwert, das ich in meinen Tagen
Geschwungen, ich vergaß, in wieviel Schlachten,
Das Schwert, ob dessen Klang nicht Feinde lachten,
Als sie bei Roßbach und bei Lissa lagen!

„Das Schwert! Wer nahm's von meinen Sarkophagen?
Wes sind die Hände, die so keck sich machten,
Daß sie von dort zu seiner Schmach es brachten
Dahin, wo Niemand ist, der es kann tragen?

„Ihr Söhne Preußens aus dem West und Oste!
Wieviel der Schwerter könnt ihr aus dem Frieden
Noch ziehn, die nicht gefressen sind vom Roste?

„Und könnt ihr Schwerter eilig gnug nicht schmieden,
So nehmt nur Hack' und Sens', und, was es koste,
Holt mir mein Schwert her von den Invaliden!"

Körners Geist.

Bedeckt von Moos und Schorfe,
Ein Eichbaum hoch und stark,
Steht bei Wöbblin, dem Dorfe,
In Mecklenburger Mark.

Darunter ist von Steine
Ein neues Grab gemacht,
Draus steigt im Mondenscheine
Ein Geist um Mitternacht.

Er richtet auf die Rinden
Des Baums den Blick, und liest
Den Namen, der zu finden
Dort eingegraben ist.

Dann sucht er mit den Händen
Ein Schwert, das liegt am Ort,
Und gürtet um die Lenden
Sich dieses Schwert sofort.

Langt dann nach einer Leier,
Nimmt sie vom Ast herab,
Und setzt in stiller Feier
Sich singend auf sein Grab:

Ich war in Jugendbrause
Ein rascher Reitersmann,
Bis hier im dunklen Hause
Ich Ruh' und Rast gewann.

Ich war ein freier Jäger
In Lützows wilder Schar,
Und auch ein Zitherschläger,
Mein Schwertlied klang so klar.

Nun reiten die Genossen
Allein auf ihrer Fahrt,
Da ich vom Roß geschossen,
Und hier begraben ward.

Ihr mögt nur weiter traben,
Bis daß ihr kommt an's Ziel,
Ihr habet mich begraben,
Wie es mir wohlgefiel.

Es sind die beiden Lieben,
Die mir im Leben wert,
Im Tode mir geblieben,
Die Leier und das Schwert.

Ich seh' auch meinen Namen,
Daß er unsterblich sei,
Geschnitten in den Rahmen
Der Eiche schön und frei.

Es sind die schönsten Kränze
Gegeben meiner Gruft,
Die sich in jedem Lenze
Erneun mit frischem Duft.

Die Eich' ob meiner Scheitel,
Wie ist der Kranz so groß;
Mein Ringen war nicht eitel,
Ich ruh' in ihrem Schoß.

Man hat in Fürstengrüften
Bestatten mich gewollt;
Hier in den frischen Düften
Ihr ruhn mich lassen sollt.

Hier sei noch oft mit Kräuseln
Der Eiche Laub bewegt,
Wenn in des Windes Säuseln
Mein Geist die Saiten schlägt.

Körners Schwester.

An den Bruder.

Verklungen ist der Kampfestos,
Und Lützows wilde Jagd;
Und du einst, Bruder, ihr Genoß,
Ruhst schweigend in der Nacht.

Verklungen ist die Jagd, verweht,
Gleich ihrer Hörner Klang,
Und nur allein ihr Abglanz steht
Noch hell in deinem Sang.

Ich sahe, wie mit trunknem Mut
Du rittst begeistrungsvoll,
Dir zu von ferne, daß von Glut
Das Herz mir höher schwoll.

Ich hörte, wie dein Nam', o Held,
Scholl durch die Gau'n in Fei'r,
Und was du hast auf deutschem Feld
Gethan mit Schwert und Lei'r.

Vor tausend Kriegsgestirnen klar
Warst du der Jugend Stern;
Wer wär' gewesen, was ich war,
Nicht deine Schwester gern?

Und als von seiner Höh' darauf
Der Stern schoß in die Nacht;
Da war mit deinem Flammenlauf
Der meine still vollbracht.

Eh', Bruder, ich zu deinem Grab
Nun geh', bei dir zu ruhn,
Ist eins nur noch, das hier ich hab',
Und das für dich, zu thun.

Du hast dein eignes Ehrenmal
Gesetzt im deutschen Hain;
Aus Leiergold und Schwertesstahl,
Wird's unvergänglich sein.

Du hast gemalt dein eignes Bild
In deiner Lieder Hauch;
Mit Kunst der Farben hell und mild
Will ich's nun malen auch.

Schön wie du warst im Leben einst
In Jugend-Morgenrot,
Und wie du schöner noch erscheinst
Mir jetzt im Heldentod;

Will ich dich malen, Zug für Zug,
Daß es der Welt erklärt:
So war er, der die Leier schlug,
Und schwang dazu das Schwert.

Weil ich mein Liebeswerk vollbracht,
So öffne du dein Haus,
Daß deine Schwester, Held der Schlacht,
Dir ruh' zur Seiten aus.

Du hast hier keine Braut bei dir,
Als deine Eisenbraut;
Nicht eifersüchtig wehrt sie's mir,
Daß mich der Tod dir traut.

Ich habe keinen Bräutigam;
Hätt' ich ihn, den Verlust
Verschmerzt' ich doch, und ohne Gram
Ruht' ich an deiner Brust.

Auf ew'gem Ruhmesfittich zieht
Dein Name durch die Welt;
Und ewig bleibet deinem Lied
Das Bild von mir gesellt.

Und wer vernimmt des Liedes Hauch,
Sieht auch das Bild, das strahlt,
Und denkt beim Bild des Bruders auch
Der Schwester, die's gemalt.

Magdeburg.

O Magdeburg, du starke,
Des Reiches fester Halt,
Ein Riegel vor der Marke
Der preußischen Gewalt;

Du Hort, uns einst genommen
Durch unseren Verrat,
Und nun zurückgekommen
Durch Gott und unsre That!

Daß man dich recht bezeichne
Als unsern Edelstein,
Soll man dir eine eigne
Schutzheilige verleihn.
Die Königin Luise,
Die reine Himmelsmagd,
O Magdeburg, sei diese,
Warum? sei hier gesagt.

Als, mit uns Friede machend,
Von unserm Gut ein Stück
Der Sieger gab verlachend,
Dich gab er nicht zurück;
Damals nach der Befehdung,
In siegestrunknem Sinn
Begehrt' er Unterredung
Mit unsrer Königin.

So sollst du reine treue
Vor dem nun stehen itzt,
Der kaum noch ohne Scheue
Auf dich auch Gift gespritzt?
Sie wollte dies auch dulden,
Die viel geduldet schon,
Und trat in ihren Hulden
Hin vor Napoleon.

Da ward der starre Kaiser,
Getroffen von dem Strahl
Der Anmut, zum Lobpreiser
Der Schönheit auch einmal:
„Ich hoffte eine schöne
Königin hier zu schaun,
Und finde, die ich kröne,
Als schönste aller Frau'n."

Er pflückte eine Rose
Vom nahen Stocke dort,
Sie dir, o makellose,
Darreichend mit dem Wort:
„So zu verdientem Ruhme,
Zum Zeichen ihres Rechts,
Reich' ich die schönste Blume
Der schönsten des Geschlechts."

Hinnahm, ihr Herz bezähmend,
Die Königin das Pfand;
Wohl stach, die Rose nehmend,
Ein Dorn sie durch die Hand.
Daß er sie ehrend kränke,
Begehrt' er hochmutsvoll,
Daß sie noch ein Geschenke
Von ihm erbitten soll.

Sie sprach in hohen Sitten
Mit königlichem Sinn:
Ich habe nichts zu bitten
Als Preußens Königin;

Als Mutter meiner Söhne
Thu' ich die Bitt' allhie,
Zu geben mir die schöne
Stadt Magdeburg für sie.

Da stand der Mann von Eisen,
Des Scheins der Anmut bar;
„Ihr seid, sprach er, zu preisen
Als schöne Kön'gin zwar;
Doch schöner Königinnen
Ein hundert sind zu leicht,
Wenn man sie mit den Zinnen
Von Magdeburg vergleicht."

O schönste von den schönen,
Der reinen reinste du,
So hörtest du das Höhnen,
Und schwiegest still dazu;
Du hobest in die Lüfte
Den nassen Blick hinauf,
Und wandtest über Grüfte
Bald selbst dorthin den Lauf.

Dort fandest du gelinder
Für deine Bitt' ein Ohr
Um die Burg deiner Kinder,
Die unsre Schuld verlor;
Dort hast du sie erbeten
Für uns von Gott zurück,
Und freust dich, zu vertreten
Im Himmel Preußens Glück.

Die linke Hand.

Ein Räubertrupp, berauscht von Blut,
Tritt in des Landmanns Hütten,
Und fangen an in Übermut
Den Haushalt zu zerrütten.
Sie nehmen, was zu nehmen ist,
Und lassen nichts am Platze,
Die Kuh im Stall, den Hahn vom Mist,
Und unter'm Tisch die Katze.

Geduldig sieht's der alte Russ',
Von seinem Platz nicht ruckend,
Und seinen schweigenden Verdruß
Im dichten Bart verschluckend;
Da tritt ihn selber einer an,
Läßt eine Hand sich reichen,
Und malt, als er sie hingethan,
Ihm drein ein rotes Zeichen.

Aufthut der Russe seinen Mund,
Und fragt, was es bedeute?
Da thut es ein Polack ihm kund,
Der mit war von der Meute:
„Das ist des Kaisers Namenszug,
Der uns die Macht gegeben;
Und wer einmal dies Zeichen trug,
Ist eigen ihm für's Leben.

Durch dieses Zeichen bist du nun
Geworden auch sein eigen."
Der Russe läßt die Blicke ruhn
Auf seiner Hand mit Schweigen;

Dann legt er hin sie auf den Tisch,
Die Hand, es war die linke,
Und aus dem Gürtel ziehet frisch
Das Beil die rechte flinke.

Er führt den Streich, und trifft so gut,
Daß hoch das Blut aufsprützet:
„Da nehmt die Hand, bedeckt mit Blut,
Und seht, was sie euch nützet!
Nehmt hin, was eures Kaisers ist,
Und was da trägt sein Zeichen!
Ihr werdet mit Gewalt und List
Nicht euern Zweck erreichen.

Ich geb' euch nur die linke Hand,
So bleibt noch mein die rechte,
Mit der ich für mein Vaterland,
Für meinen Kaiser fechte.
Und nehmt ihr auch die rechte hier,
So werd' ich nicht verzagen:
Die Rechte Gottes über mir
In Wolken wird euch schlagen."

Da hob er hoch alswie zum Schwur
Des Armes blut'gen Stümmel,
Und die es sahn, ein Schreck durchfuhr,
Sie fliehen mit Getümmel;
Es war als säh'n sie aus dem Blut
Den Geist schon steigen rauchend,
Des rechter Arm sie schlug mit Mut,
Die linke Hand nicht brauchend.

Die Gräber zu Ottensen.

Erstes Grab.

Zu Ottensen auf der Wiese
Ist eine gemeinsame Gruft;
So traurig ist keine wie diese
Wohl unter des Himmels Luft.

Darinnen liegt begraben
Ein ganzes Volksgeschlecht,
Väter, Mütter, Brüder, Töchter, Kinder, Knaben,
Zusammen Herr und Knecht.

Die rufen Weh zum Himmel
Aus ihrer stummen Gruft,
Und werden's rufen zum Himmel,
Wenn die Trommet' einst ruft.

Wir haben gewohnt in Frieden
Zu Hamburg in der Stadt,
Bis uns daraus vertrieben
Ein fremder Wütrich hat.

Er hat uns ausgestoßen
Im Winter zur Stadt hinaus,
Die hungernden, nackenden, bloßen,
Wo finden wir Dach und Haus?

Wo finden wir Kost und Kleider,
Wir zwanzigtausend an Zahl? —
Die andern schleppten sich weiter,
Wir blieben hier zumal.

Die andern nahmen die Britten,
Und andre die Dänen auf;
Wir brachten mit müden Schritten
Bis hieher unsren Lauf.

Wir konnten nicht weiter keuchen,
Erschöpft war unsere Kraft;
Frost, Hunger, Elend und Seuchen,
Sie haben uns hingerafft.

Ein ungeheuerer Knäuel,
Zwölfhundert oder mehr;
Es zieht sich über den Gräuel
Ein dünner Rasen her.

Der deckt nun unsre Blöße,
Ein Obdach er uns gab;
Man merkt des Jammers Größe
Nicht an dem kleinen Grab.

Zweites Grab.

Zu Ottensen an der Mauer
Der Kirch' ist noch ein Grab,
Darin des Lebens Trauer
Ein Held gelegt hat ab.

Geschrieben ist der Namen
Nicht auf den Leichenstein;
Doch er samt seinem Samen
Wird nie vergessen sein.

Von Braunschweig ist's der Alte,
Karl Wilhelm Ferdinand,
Der vor des Hirnes Spalte
Hier Ruh' im Grabe fand.

Der Lorbeerkranz entblättert,
Den auf dem Haupt er trug,
Die Stirn vom Schlag zerschmettert,
Der ihn bei Jena schlug;

Nicht, wo er war geboren,
Hat dürfen sterben er:
Von seines Braunschweigs Thoren
Kam irrend er hieher;

Umirrend mit den Scherben
Des Haupts von Land zu Land,
Das, eh' es konnte sterben,
Erst allen Schmerz empfand;

Das erst noch mußte denken
Der Zukunft lange Not,
Eh' es sich durfte senken
Beschwichtigt in den Tod.

Jetzt hat sich's hier gesenket,
Doch hebt sich's, wie man glaubt,
Noch aus der Gruft, und denket,
Das alte Feldherrnhaupt.

Da sieht es die Befreiung
Nun wohl auf deutscher Flur,
Doch auch von der Entweihung
Die unvertilgte Spur.

Da sieht es der Zwölfhundert
Grabstätte sich so nah,
Und ruft wohl aus verwundert:
Ein Feldherr ward ich ja.

O Feldherrnamt wie grausend!
Um mich den Feldherrn her
Gelagert sind die Tausend,
Ein großes Schmerzenheer.

Euch hat auf andern Pfaden,
Und doch aus gleichem Grund,
Der Tod hieher geladen,
Ihr seid mit mir im Bund.

Daß ohne Totenhemde
Ihr auf den Gräbern sitzt,
Das schmerzt mich, weil der Fremde
Noch geht in Purpur itzt.

Ist keiner mehr am Leben,
Den Purpur auszuziehn
Dem Fremden, und zu geben
Euch nackten Toten ihn?

Mit seinen dunklen Schützen
Der Öls, mein wackrer Sohn
Der könnte wohl euch nützen;
Doch fiel auch der nun schon.

Jetzt kann ich keinen nennen,
Da ihn der Tod geraubt;
Und schmerzlich fühl' ich brennen
Die Spalt' in meinem Haupt.

Drittes Grab.

Zu Ottensen, von Linden
Beschattet, auf dem Plan,
Ist noch ein Grab zu finden,
Dem soll, wer trauert, nahn.

Dort in der Linden Schauer
Soll lesen er am Stein
Die Inschrift, daß die Trauer
Ihm mag gelindert sein.

Mit seiner Gattin lieget
Und ihrem Sohne dort
Ein Sänger, der besieget
Den Tod hat durch ein Wort.

Es ist der fromme Sänger,
Der sang des Heilands Sieg,
Zu dem er, ein Empfänger
Der Palm', im Tod entstieg.

Es ist derselbe Sänger,
Der auch die Hermannsschlacht
Sang, eh' vom neuen Dränger
Geknickt ward Deutschlands Macht.

Ich hoffe, daß in Frieden
Er ruht' indes in Gott,
Nicht sah bei uns hienieden
Des Feinds Gewalt und Spott.

Und so auch ruht' im Grabe
Sein unverstört Gebein,
Als ob geschirmt es habe
Ein Engel vor'm Entweihn.

Es sind der Jahre zehen
Voll Druck und Tyrannei,
Voll ungestümer Wehen,
Gegangen dran vorbei.

Sie haben nicht die Linden
Gebrochen, die noch wehn,
Und nicht gemacht erblinden
Die Schrift, die noch zu sehn.

Wohl hat, als dumpfer Brodem
Der Knechtschaft uns umgab,
Ein leiser Freiheitsodem
Geweht von diesem Grab.

Wohl ist, als hier den Flügel
Die Freiheit wieder schwang,
O Klopstock, deinem Hügel
Enttönt ein Freudenklang.

Und wenn ein sinn'ger Waller
Umher die Gräber jetzt
Beschaut, tret' er nach aller
Beschaun an dies zuletzt.

Wenn dort ein trübes Stöhnen
Den Busen hat geschwellt,
So ist als zum Versöhnen
Dies Grab hieher gestellt.

Die Thränen der Vertriebnen,
Des Feldherrn dumpfe Gruft,
Verschwinden vor'm beschriebnen
Stein unter'm Lindenduft;

Wo wie in goldnen Streifen
Das Wort des Sängers steht:
Saat von Gott gesät,
Dem Tag der Garben zu reifen.

Blücher.

1.

Als Blücher auf dem Feld der Schlacht
Gewaltig disputieret,
Wo Gott der Herr mit seiner Macht
Ihm selber präsidieret;
Hat England ihn dafür
Nach Recht und nach Gebühr
Gemacht zum Doctor juris.

Doctor von echtem Ritterrang,
Das Schwert ist deine Feder,
Die Streitsach' ist ein Waffengang,
Das Schlachtfeld der Katheder;
Da trittst du mit Gewicht
Dem Feind vor's Angesicht,
Als rechter Doctor juris.

Fahr' nur in dem Prozesse fort,
Den du mit ihm begonnen,
Führ' mit Kanonenschall dein Wort,
Bis daß du hast gewonnen.

Lehr' unser deutsches Recht
Dem Franzmann im Gefecht,
Held Blücher, Doctor juris!

2.

Als Blücher der Held und Wellington
Als Sieger zusammen traten,
Die beiden, die sich lange schon
Gekannt aus ihren Thaten;
Da sprach zu Wellington Blücher bald:
Du Held, so jung von Jahren,
An Klugheit und Bedacht so alt,
Wie ich mit grauen Haaren!

Da sprach zu Blücher Wellington:
Du Held von starker Tugend,
Von Locken so gealtert schon,
Das Herz so frisch von Jugend!
Da stand der Jüngling und der Greis,
Sie gaben sich die Hände,
Und fragten, ob auf dem Erdenkreis
Noch so ein Paar sich fände.

3.

Als von Frankreich Blücher der Held
Nach England überfuhr,
Ward er geehrt wie auf der Welt
Man ehrt in England nur.

Als nah das Schiff der Küste war,
Das Deutschlands Helden trug,
Jauchzt' ihm vom Strand der Britten Schar
Entgegen laut genug.

Ein Kerl, stark wie ein Felsenriff,
Springt in die See vom Strand,
Und watet durch bis an das Schiff,
Hält's an mit seiner Hand.

Er langt hinein mit einem Griff,
Eh' er sich's recht besehn,
Und zieht hervor aus Blüchers Schiff
Mit beiden Armen wen?

Der da zuvorderst steht im Schiff,
Das muß der Blücher sein;
Drum nach dem vordersten er griff:
Das muß der Blücher sein!

Er setzt ihn auf, durch's Meer ihn trägt;
Da von den Schultern spricht,
Der drauf sitzt und die Ehr' erwägt:
Ich bin der Blücher nicht.

„Und wenn du nicht der Blücher bist,
So mußt du in die Flut.“
Wenn der ein guter Schwimmer ist,
So ist es für ihn gut.

Der Kerl noch einmal hin an's Schiff,
Und greift noch einmal drein,
Doch jetzt er nach dem größten griff:
Das muß der Blücher sein!

Die Lieb' ist blind, die sich vergriff;
Seht! der ist Blücher, der!
Der größt' und vorderst nicht im Schiff,
Und doch der Blücher er!

Nun setzt ihn nur auf Schultern hoch,
Tragt ihn vor allen her!
So ist er nun der größte doch,
Der vorderste doch er.

4.

Als Blücher durch die Straßen
Londons im Wagen fuhr,
Drängte sich ohne Maßen
Das Volk auf seine Spur.

Sie wollten all ihn grüßen;
Da hielt er aus dem Schlag,
Weil man sie wollte küssen,
Die Hand den ganzen Tag.

Sie küßten auf und nieder,
Wo jeder kam dazu,
Die Hand durch alle Glieder,
Die Hand und ihren Schuh.

Da sprach der alte Streiter
Still zu sich mit Verstand:
Wenn das so fortgeht weiter,
So komm' ich um die Hand.

Man wird sie ab mir küssen;
Und ja nicht weiß ich doch,
Ob ich sie werde müssen
Nicht brauchen irgend noch.

Drauf eine Hand von Leder
Setzt' er an jener Statt.
Da küsse nun sich jeder
Nach Lust am Leder satt.

Sie sahn am Wagen baumeln
Die Hand, die schlapp genug;
Sie küßten sie mit Taumeln,
Und merkten nicht den Trug.

Auffiel ihr welk Geschlotter
Doch einem von der Schar,
Der von Pudding und Potter
Genährt am besten war.

Goddam! sprach er verwegen:
Wie konnte diese Hand
Nur führen jenen Degen,
Der Frankreich überwand?

5.

Da kamen, von dem Namen
Des deutschen Feldmarschalls
Gelockt, die britt'schen Damen
Herbei nun ebenfalls.

Begehrten von den Haaren
Des alten Feldmarschalls,
Als Schmuck sie zu bewahren
Am Busen, um den Hals.

Da zog er ohne Stocken
Den Hut vom Haupte fein,
Und zeigte, daß die Locken
Ihm ausgegangen sei'n.

Verzeihung, schöne Damen,
Daß ich mit solchem Flor
Nicht dienen kann, es kamen
Euch andre schon zuvor;

Die mir die Locken nahmen,
Und stritten drum zumal;
Die Jahre, schöne Damen,
Sind's, die mich machten kahl.

Die kriegerischen Jahre,
Sie nahmen alles schier,
Und diesen Rest nur spare
Ich noch für Deutschland hier:

Daß, wenn mir altem Tropfe
Wird dort mein Lorbeerkranz,
Er auf dem kahlen Kopfe
Sei ohne Halt nicht ganz.

6.

Der König Wilhelm Friederich
Sprach sanft zu seinem Helden:
Ihr spielt, und zwar nicht niederig,
Wie ich mir höre melden.

Ich bitt' euch, lieber alter Held,
Des bösen Beispiels wegen,
Stellt ein das Spiel um hohes Geld.
Da sprach der alte Degen:

Ich habe niedrig nie gespielt,
Seit ich das Spiel begonnen;
Und wo dem Feind die Bank ich hielt,
Da habt ihr stets gewonnen.

So laßt, Herr König, also mich
Fortspielen, weil ich lebe.
Doch will ich nicht dadurch, daß ich
Ein böses Beispiel gebe.

Nicht viel verlieren darf, wer noch
Gewonnen keine Schlachten;
Wer sie gewinnt, spielt nie zu hoch,
Das mögen sie beachten.

Und sollt' ich auch mein Fürstentum
Im hohen Spiel verlieren,
Verlier' ich nie doch meinen Ruhm,
Noch meiner Preußen ihren.

7.

„Bei Gott, ich muß mich zum Empfang
Des alten Helden schicken,
Den ich verfolgt hab' oft und lang'
Von hier mit meinen Blicken.

„Ich hab' gesehn in mancher Schlacht
Wohl seine Blitzesschnelle,
Und jetzund, eh' ich es gedacht,
Ist er auch hier zur Stelle.

„Weit drüben, dacht' ich, sei er noch,
Dazwischen weite Klüfte,
Er aber ist hin drüber hoch
Gesprungen durch die Lüfte.

„Alsob im Dampf er vor sich hab'
Den Graben einer Schanze,
Ist er gesprungen über's Grab,
Und ist schon nah' im Glanze."

Im Himmel sprach's der alte Fritz,
Und hob des Blüchers wegen
Sich von dem hohen Heldensitz,
Und ging ihm stracks entgegen.

Der Blücher kam ihm doch zuvor,
Eintrat er gleich dem Blitze,
Und senkte, schreitend durch das Thor,
Vor ihm des Degens Spitze.

Vorbei schritt er dem alten Fritz,
Und trat, ohn' umzuschauen,
Hin, wo er sah auf ihrem Sitz
Die Königin der Frauen.

Da bracht' er seinen ersten Gruß
Der preußischen Luise,
Und beugte vor ihr seinen Fuß,
Daß er ihr Ehr' erwiese.

Worauf er den Bericht ihr gab
Von Grüßen, die ihr Gatte,
Sein König, für sie über's Grab
Ihm anbefohlen hatte.

Sie dankt' ihm mit Holdseligkeit;
Und so, nach abgethanen
Geschäften, trat er dienstbereit
Zu seines Königs Ahnen.

Auf einen Pfeifenkopf mit Blüchers Bild.

Füll' mich mit edlen Blättern an,
Weil Blüchers Bild hier steht,
Und zünde sie als Opfer an,
Daß ihn der Rauch umweht.

Der alte Held, von Pulverrauch
Gebräunt in manchem Kampf,
Bleibt hier bei seinem alten Brauch,
Und glüht, umwallt von Dampf.

Deutscher Spruch auf den deutschen Stein.

Das ist der deutsche Stein,
Von Trug und Falsch entblößt;
Wer an den Stein sich stößt,
Der kann kein Deutscher sein.

Das ist der deutsche Stein,
Mit Treu und Mut betraut;
Wer auf den Stein nicht baut,
Das muß kein Deutscher sein.

Das ist der deutsche Stein,
In Not und Tod erprobt;
Und wer den Stein nicht lobt,
Das muß ein Welscher sein.

Die Straßburger Tanne.

Bei Straßburg eine Tanne,
Im Bergforst, alt und groß,
Genannt bei jedermanne
Die große Tanne bloß,
Ein Rest aus jenen Tagen,
Als dort noch Deutschland lag;
Die ward nun abgeschlagen
An diesem Pfingstmontag.

Da kamen wie zum Feste
Zusammen fern und nah
In ganzen Scharen Gäste,
Und sahn das Schauspiel da.

Sie jauchzeten mit Schalle,
Als niedersank ihr Kranz,
Und hielten nach dem Falle
Im Forsthaus einen Tanz.

Hat einer wohl vernommen,
Was, als die Wurzel brach,
Im Herzen tief beklommen
Zuletzt die Tanne sprach?
Ein Widerhall vernahm es,
Der trug von Ziel zu Ziel
Es weiter, und so kam es
Hier in mein Saitenspiel.

So sprach die alte Tanne:
Ich stehe nun der Zeit
Hier eine lange Spanne
In dieser Einsamkeit,
Von dieses Berges Gipfel
Mich streckend in die Luft;
Es webt um meine Wipfel
Noch der Erinn'rung Duft.

Ich sah in alten Zeiten
Die Kaiser und die Herrn
Im Lande ziehn und reiten;
Wie liegt das heut so fern!
Da mocht' ich wohl mit Rauschen
Sie grüßen in der Nacht,
Und mit den Winden tauschen
Gespräch von deutscher Macht.

Dann kam die Zeit der Irrung,
Des Abfalls in das Land,
Voll schmählicher Verwirrung,
Da ich gar traurig stand;
Es klirrten fremde Waffen,
Es zuckte mir durch's Mark,
Ich sah die Zeit erschlaffen,
Und blieb kaum selber stark.

Den Himmel sah ich säumen
Ein neues Morgenrot,
Es scholl aus fernen Räumen
Der Freiheit Aufgebot;
Ich sah auf alten Bahnen
Die neuen Deutschen gehn,
Die lang' entwohnten Fahnen
Vom Rheinstrom her mir wehn.

Da schüttelten die Winde
Mein altes Haupt im Sturm:
Vor Schreck entsank der Rinde,
Der sie genagt, der Wurm:
Nun werden deutsch die Gauen,
Vom Wasgau bis zur Pfalz;
Und wieder wird man bauen
Hier eine Kaiserpfalz.

Doch als das große Wetter
Eilfertig, ohne Spur,
Wie Windeshauch durch Blätter,
Dahier vorüberfuhr: —

Mein Wipfel ist geborsten,
Es wird nicht mehr der Aar
In diesen Forsten horsten,
Der meine Hoffnung war.

Lebt, Adler, wohl und Falken!
Ich fall' in Schmach und Graus,
Und gebe keinen Balken
Zu einem deutschen Haus;
Mann wird hinab mich schleppen,
Und drunten aus mir nur
Versehn mit neuen Treppen
Mairie und Präfektur.

Doch, jüngre Waldgeschwister
Ihr hauchet frischbelaubt
Teilnehmendes Geflister
Um mein erstorbnes Haupt;
Euch alle sterbend weih' ich
Zu schönrer Zukunft ein.
Und also prophezei' ich,
Wie fern die Zeit mag sein:

Einst einer von euch allen,
Wenn er so altergrau
Wird, wie ich falle, fallen,
Giebt Stoff zu anderm Bau,
Da wohnen wird und wachen
Ein Fürst auf deutscher Flur;
Dann wird mein Holz noch krachen
Im Bau der Präfektur.

Die Gottesmauer.

„O Mutter, wie stürmen die Flocken vom Himmel,
Es wird uns in Schnee noch begraben,
Und mehr noch als Flocken im Dorf ein Gewimmel
Von Reutern, die reiten und traben.
Hätten wir nur Brot im Haus,
Macht' ich mir soviel nicht draus,
Im Quartier ein paar Reuter zu haben."

„„Es nachtet, o Kind, und die Winde sie wüten,
Geh', schließe die Thür' und die Laden,
Gott wird vor dem Sturme der Nacht uns behüten
Und auch vor den Feinden in Gnaden.
Kind, ich bete, bete mit:
Wenn uns Gott der Herr vertritt,
So vermag uns der Feind nicht zu schaden.""

„O Mutter, was soll nun das Beten und Bitten?
Es kann vor den Reutern nicht helfen.
Horcht, Mutter, die Reuter, sie kommen geritten,
O hört, wie die Hündelein belfen.
Geht zur Küch' und rüstet ihr,
Wenn sie kommen in's Quartier,
Euch, so gut es will gehn, zu behelfen."

Die Mutter sitzet und geht nicht vom Orte,
Der Keller ist leer und die Kuche;
Sie hält sich am letzten, am einzigen Horte,
Sie betet beim Lämplein im Buche:
Eine Mauer um uns bau',
Daß davor den Feinden grau'.
Sie erlabt sich am tröstlichen Spruche.

„O Mutter, den Reutern zu Rosse zu wehren,
Wer wird da die Mauer uns bauen?
Sich lassen die Reuter, wohin sie begehren,
Vor Wällen und Mauern nicht grauen."
„„Kind, bedenk' als guter Christ:
Gott kein Ding unmöglich ist,
Wenn der Mensch nicht verliert das Vertrauen.""

Es betet die Mutter, es lachet der Knabe,
Er horcht an verschlossener Pforte,
Er höret die Reuter, sie reiten im Trabe,
Es rennen die Bauern im Orte.
Thüren krachen dort und hie.
„Jetzt gewiß, jetzt kommen sie
Auch an unsre, der Mutter zum Torte."

Nichts kommt an die Thür', als des Windes Gebrause,
Ein Wehen und Weben und Wogen,
Die Reuter, verteilet von Hause zu Hause,
Vor diesem vorübergezogen.
Stiller wird es dort und hier.
„Alle, scheint's, sind im Quartier,
Und wir sind um die Gäste betrogen."

„„Kind, möge dich Gott für den Frevel nicht strafen,
Daß Glaube dein Herz nicht bewohnet.
Mit Reue bitt' ab ihm, und lege dich schlafen;
Er hat mein Vertrauen belohnet.""
„Ei, der Vetter Schultheiß hat
Wohl, wie er schon manchmal that,
Aus besonderer Gunst uns verschonet."

Einschlummert der Knabe mit weniger Ruhe,
Die Mutter mit vollem Vertrauen.
Drauf ist er schon wiederum auf in der Frube,
Den Abzug der Reuter zu schauen.
Wie er auf das Thürlein zieht,
Sieht er, staunt, und staunt und sieht,
Daß der Himmel doch Mauern kann bauen.

Das hat nicht der Vetter, der Schultheiß, gerichtet;
Die Diener des Himmels, die Winde,
Sie haben im Stillen die Mauer geschichtet
Statt Steinen, aus Flocken gelinde,
Eine Mau'r um's Häuslein ganz
Steht gebaut aus schnee'gem Glanz,
Zum Beweis dem ungläubigen Kinde.

Da muß es der Mutter nun sagen der Knabe,
Er weckt sie vom Schlaf mit der Kunde.
Da hört er die Reuter, sie ziehen im Trabe,
Und möchte sie sehen zur Stunde.
Doch zur Straf' es ihm geschieht,
Daß er nicht die Reuter sieht,
Denn die Mauer sie steht in die Runde.

Da macht es die Mutter zur Strafe dem Knaben,
Den Weg durch die Mauer zu brechen.
Da muß er nun schaufeln, da muß er nun graben;
Und als er mit Hauen und Stechen
Durch ist, sind die Reuter fort,
Und die Nachbarn stehn am Ort,
Die sich über das Wunder besprechen.

Die hohle Weide.

Der Morgentau verstreut im Thale
Sein blitzendes Geschmeide;
Da richtet sich im ersten Strahle
Empor am Bach die Weide.

Im Nachttau ließ sie niederhangen
Ihr grünendes Gefieder,
Und hebt mit Hoffnung und Verlangen
Es nun im Frührot wieder.

Die Weide hat seit alten Tagen
So manchem Sturm getrutzet,
Ist immer wieder ausgeschlagen,
So oft man sie gestutzet.

Es hat sich in getrennte Glieder
Ihr hohler Stamm zerklüftet,
Und jedes Stämmchen hat sich wieder
Mit eigner Bork' umrüftet.

Sie weichen auseinander immer,
Und wer sie sieht, der schwöret,
Es haben diese Stämme nimmer
Zu einem Stamm gehöret.

Doch wie die Lüfte drüber rauschen,
So neigen mit Geflister
Die Zweig' einander zu, und tauschen
Noch Grüße wie Geschwister;

Und wölben über'm hohlen Kerne
Wohl gegen Sturmes Wüten
Ein Obdach, unter welchem gerne
Des Liedes Tauben brüten.

Soll ich, o Weide, dich beklagen,
Daß du den Kern vermissest,
Da jeden Frühling auszuschlagen
Du dennoch nie vergissest?

Du gleichest meinem Vaterlande,
Dem tief in sich gespaltnen,
Von einem tiefern Lebensbande
Zusammen doch gehaltnen.

Rückblick auf die politischen Gedichte.

Die Politik ein Herz zu rühren,
Den sanften Lieberobrungskrieg,
Wie hab' ich lassen mich verführen,
Gering zu achten diesen Sieg!
Ich wollte stolz mich überheben,
In hochbegeistertem Gesang
Hinfort nur blut'ge Lorbeern weben
Um vaterländ'scher Waffen Klang.

Doch wie der Krieger aus dem Schalle
Des ehrnen Feldes still zurück
Sich sehnt nach seines Hauses Halle,
Des Lebens heimgebliebnem Glück;

So sehnt nach frühen Liebesklängen
Mein Lied sich heimwärts, lang' entfernt,
Und freut sich, daß im wilden Drängen
Es nicht den Wohllaut ganz verlernt.

Auf paradiesischem Gefilde
War Liebe bei dem ersten Paar
Viel früher, als mit Helm und Schilde
Zum Kampfe zog die erste Schar.
Und in der eignen Jugend Stille,
Von Adlers Kreischen ungemahnt,
Hab' ich beim Sommerlied der Grille
Viel eher Lieb' als Krieg geahnt.

Nach dem verlornen Doppel-Eden
Der Kindheit und der ersten Welt
Kehr' ich, entsagend allen Fehden,
Die ich der Lieb' anheim gestellt;
Und nur von Liebe will ich singen,
Die dieser Erden ödem Raum
Wo nicht ein Paradies kann bringen,
Doch eines Paradieses Traum.

III.

Liebe.

Abendlied.

Die ihr mit dem Odem linde
Jedes Blümchen küßt und grüßt,
Sagt mir, laue Abendwinde,
Wo ihr jetzt mein Mädchen küßt?

Ob im Spiegel eines Quelles
Sich ihr klares Bildnis malt,
Oder ob das Antlitz helles
Abendrot ihr überstrahlt?

Ob sie Nachtigallen grüßen,
Wo sie froh durch Büsche eilt,
Oder neue Blumen sprießen,
Wo ihr sanfter Fußtritt weilt?

Flattert zu ihr, laue Winde,
Sagt ihr, daß ich harre schon;
Ihr zum Führer tragt geschwinde
Mit euch meines Liedes Ton.

Durch die blauen Lüfte webet
Abenddämmrung ruhig mild,
Und vom Stern der Liebe bebet
Sanfter Schimmer auf's Gefild.

Nur wo mich ihr Arm umfasset,
Lächelt mir der schöne Stern,
Und sein hellster Glanz erblasset,
O Geliebte, bist du fern.

Huldigung.

Umringt von bunten Schmetterlingen,
Seh' ich dich wie die Rose stehn;
Dir will sein Opfer jeder bringen,
Dich dankend jeder nicken sehn.

Du nimmst mit kaltem Wohlgefallen
Die langgewohnte Huldigung,
Und lächelst flüchtig ihnen allen,
Und glaubst sie all belohnt genung.

Wirst du in deinem bunten Schwarme
Wohl auch den frommen Freund gewahr,
Der ferne steht in stillem Harme,
Nicht zugesellt der leichten Schar?

Er kann nicht buhlen, kann nicht kosen,
Sein Blick ist scheu, und stumm sein Wort;
Doch streift er auch zu andern Rosen
Nicht mit den bunten Flattrern fort.

Er kehrt, in deinen Glanz versenket,
Die Blicke schüchtern nach dir hin,
Und dein entfernter Schimmer tränket
Mit Leben und mit Sehnsucht ihn.

Du ziehest hoch in deinen Lüften
Als eine Sonne glänzend fort,
Und achtest nicht, ob in den Klüften
Ein Pflänzchen blühet oder dorrt.

Doch strömt mir nur aus deiner Höhe
In's Herz herab dein golden Licht,
Beseliget von deiner Nähe,
Verschmacht' ich wohl, doch klag' ich nicht.

Zweifel.

Ich seh' dein Bild vor mir entfalten,
Es haucht sich spielend, wie der Wind,
In hundert wechselnde Gestalten,
Die alle gleich an Schönheit sind.

Ich sehe dich im Strahlenglanze,
Und du gebeutst als Königin;
Ich sehe dich im Veilchenkranze,
Du fühlst und spielst als Schäferin.

Ich seh' auf der Begeistrung Flügel
Dich schweben über Tod und Grab,
Und dann dein Bild dem treuen Spiegel
Mit langem Tändeln fragen ab.

Ich sehe dich als üpp'ge Hebe,
Die frohen Göttern Nektar schenkt,
Dann in der Schwermut Florgewebe,
Wie Psyche, wenn sie Amorn denkt.

Und wie du Weib und Göttin scheinest,
Gebeutst du Huldigung und Scherz,
Und wie du lachest oder weinest,
So weint und lachet jedes Herz.

O sprich, aus welchen Himmelszonen
Beströmt der Gaben Füllhorn dich,
Daß, die sonst abgeschieden wohnen,
In dir sich einen schwesterlich?

Von allen, was dein Knecht bewundert,
O sprich, was ist am meisten dein?
Wie, oder ist von allen hundert
Dein eigen nichts, als nur ihr Schein?

So sprich, aus welchen Zauberhöhlen
Dein Geist die Schmeidigkeit sich nimmt,
Die zur Bestrickung armer Seelen
In tausend Windungen sich krümmt?

Erklärung.

Dir liegt mein Herz und all mein Wesen
In meinen Augen klar am Tag;
Laß endlich mich in deinen lesen,
Was meine Liebe hoffen mag.

Kann dich ein treuer Schäfer rühren,
Der weiter nichts als lebt und liebt,
Den Liebesfesseln schöner zieren
Als Orden, die ein Kaiser giebt!

Der nur beglückend und beglücket
In einem treuen Arm will ruhn;
So zeige mir's, und hochentzücket
Will ich dir Sklavendienste thun.

Wie, oder liebst in meinen Blicken
Du deiner Schönheit Wiederschein,
Liebst du im flammenden Entzücken
Nur deine Huldigung allein?

Laß ab mich durch den Schein zu täuschen,
Verschwinden muß er doch zuletzt;
Doch später wird mein Herz zerfleischen
Was jetzt es ritzend nur verletzt.

So laß mich fliehn und ruhig bleiben,
Und treue Liebe suchen mir;
Du aber, um dein Spiel zu treiben,
Such' einen andern Thoren dir.

Tritt herein!

Tritt herein zu der Thüre
Und erleuchte das Zimmer ganz!
Grüße rings und entführe
Alle Herzen in Himmelsglanz!

Vor dir gehet ein Schweigen,
Um dich anzumelden im Saal,
Und das Feld ist dein eigen,
Eh' du noch aufgetreten einmal.

Sehet, o Schönheitskenner,
Ob ihr Schönheit schon habt gekannt.
Seht, o geistige Männer,
Was die Geister wohl übermannt.

Lösche du des Verstandes
Flackernde Lampe mit deinem Schein,
Und belebenden Brandes
Laß hier Schönheit die Sonne sein.

Sieh, es drehen planetisch
Alle Strahlen sich um dein Licht,
Und du ziehest magnetisch
Alle Blick' an dein Angesicht.

Wo die Ros' ist erschienen,
Neigt sich ein ganzes Blumengefild.
Blick' mit Huld auf Jasminen,
Sprich mit schüchternen Veilchen mild!

Öffne Lippen zum Reden
Und verströme des Geistes Duft.
Kommet, Lüfte von Eden,
Und durchwürzt euch in dieser Luft!

Deine lächelnden Mienen
Sind ein würziger Blumenflor;
Honigsaugende Bienen
Deiner Lippen sind Aug' und Ohr.

Sieh, du bist nun die Kerze
Dieser Gesellschaft, hebe das Haupt,
Und dem Schmetterling Scherze
Sei um das Licht sein Kreisen erlaubt.

Wie du sicher und leise
Blickest, zügelt Ordnung den Tanz,
Und sich halten im Gleise
Herzen, welche verwirrt dein Glanz.

Kehr' ein bei mir!

Du bist die Ruh',
Der Friede mild,
Die Sehnsucht du,
Und was sie stillt.

Ich weihe dir
Voll Lust und Schmerz
Zur Wohnung hier
Mein Aug' und Herz.

Kehr' ein bei mir,
Und schließe du
Still hinter dir
Die Pforten zu.

Treib' andern Schmerz
Aus dieser Brust!
Voll sei dies Herz
Von deiner Lust.

Dies Augenzelt
Von deinem Glanz
Allein erhellt,
O füll' es ganz.

In's Auge geblickt.

Wer dir in's Auge hat geblickt,
Und fragt, warum ich muß sterben,
Der hat so tief nicht darein geblickt,
Als ich zu meinem Verderben.

Er hat den Zauberer nicht gesehn,
Der liegt am Grunde begraben,
Und Alle machet vor Gram vergehn,
Die da gesehn ihn haben.

Ein Gruß an die Entfernte.

Ich sende einen Gruß wie Duft der Rosen,
Ich send' ihn an ein Rosenangesicht.
Ich sende einen Gruß wie Frühlingskosen,
Ich send' ihn an ein Auge frühlingslicht.
Aus Schmerzenstürmen, die mein Herz durchtosen,
Send' ich den Hauch, dich unsanft rühr' er nicht!
Wenn du gedenkest an den Freudelosen,
So wird der Himmel meiner Nächte licht.

Gute und schlechte Zeit.

Es war einmal gar andre Zeit,
Ich wollt', sie käme wieder;
Da hatt' ich noch kein Herzeleid,
Und hatte keine Lieder.

Solang' mein Mädchen mich geküßt,
Ist mir kein Lied gelungen;
Seitdem das Glück verloren ist,
Hab' ich davon gesungen.

Der fromme Waidmann.

Die Sonne deckt mit Gold die Hügel,
Der Abend senkt sich auf's Gefild,
Und zu des Waldbachs klarem Spiegel
Kommt aus dem Busch hervor das Wild.

Es rauscht hervor aus dichtem Haine,
Und blickt nach mir mit keckem Mut,
Wo neben mir am grünen Raine
Mein Feuerrohr und Hündchen ruht.

Wer hat, o Reh, dir das geheißen,
Daß heut der Schütze dich nicht schreckt?
Sei unverzagt! hier ruht das Eisen,
Das mörderisch euch niederstreckt.

Heut soll durch mich kein Leben sterben,
Das noch wie ich sich freuen kann,
Heut soll kein Blut die Hände färben,
Die bald mein Mädchen hier umfahn.

Was blickst du scheu nach jenen Büschen,
Und reckst den schlanken Hals empor?
Sie ist's! sie ist's! aus jenen Büschen
Schwebt meiner Liebe Bild hervor.

Nun geh', den Freund dir aufzufinden,
Mit ihm des Spieles dich zu freun;
Spielt ihr in Waldes düstern Gründen,
Wir spielen hier im Abendschein.

O süße Mutter.

„O süße Mutter,
Ich kann nicht spinnen,
Ich kann nicht sitzen
Im Stüblein innen
Im engen Haus;
Es stockt das Rädchen,
Es reißt das Fädchen,
O süße Mutter,
Ich muß hinaus.

„Der Frühling gucket
Hell durch die Scheiben;
Wer kann nun sitzen,
Wer kann nun bleiben
Und fleißig sein?
O laß mich gehen,
Und laß mich sehen,
Ob ich kann fliegen
Wie Vögelein.

„O laß mich sehen,
O laß mich lauschen,
Wo Lüftlein wehen,
Wo Bächlein rauschen,
Wo Blümlein blühn.

Laß sie mich pflücken,
Und schön mir schmücken
Die braunen Locken
Mit buntem Grün.

„Und kommen Knaben
Im wilden Haufen;
So will ich traben,
So will ich laufen,
Nicht stille stehn;
Will hinter Hecken
Mich hier verstecken,
Bis sie mit Lärmen
Vorüber gehn.

„Bringt aber Blumen
Ein frommer Knabe,
Die ich zum Kranze
Just nötig habe;
Was soll ich thun?
Darf ich wohl nickend,
Ihm freundlich blickend,
O süße Mutter,
Zur Seit' ihm ruhn?"

Ziel der Sehnsucht.

Wenn ich durch die Fluren schweife,
Jene suchend her und hin,
Die mich schlug in goldne Reife,
Der ich ganz zu eigen bin:

Welch ein Wünschen, welch ein Wähnen
Hebt die Seele trunken auf;
In die Wolken trägt das Sehnen,
In die Himmel mich hinauf.

Mit dem Vogel möcht' ich fliegen,
Auf den Sternen möcht' ich stehn,
Mich auf Windesfittich wiegen,
Brausend über Wipfel gehn!

Bis ich komme zu dem Örtchen,
Wo aus Büschen tief heraus
Mit dem beigelehnten Pförtchen,
Winkt ihr kleines Hüttenhaus.

Schnell verflogen, schnell zergangen
Sind die Wünsche groß und klein,
Und die Sehnsucht kehrt gefangen
Still in's stille Hüttchen ein.

Das schönste Plätzchen.

Hier wo vom kühlen Schleier
Des Ahorns überwebt,
Am grünumschilften Weiher
Die Moosbank sich erhebt;

Wo aus des Weihers Spiegel
Der Abendhimmel glüht,
Und still der Eichenhügel
Aus Duft herüber sieht;

Hier sitz' ich und es wanken
In Zephirs leisem Wehn
Um mich die Blütenranken
Mit flüsterndem Getön.

O Schätzchen, dem verlangend
Mein Herz entgegen schlägt,
O sieh, wie traut umfangend
Mich dieses Örtchen hegt.

O komm, geliebtes Schätzchen,
Und ruhe du bei mir,
So ist das schönste Plätzchen
Des schönen Gartens hier.

Die Blumenengel.

Die Engelein, liebes Maidelein,
Sind auch wohl so schön, wie du, und so fein;
Halt daß wir sie nur nicht können sehen,
Wenn sie vom Himmel zur Erde gehen.

Wenn du's aber noch nicht weißt,
Wo die Engele wohnen zumeist,
Wenn sie vom Himmel zur Erde kummen,
So will ich dir's sagen: das sind die Blummen.

Jegliche Blum' ist ein Gezelt,
Das sich ein Engelein hat bestellt,
Wo's von seiner Wanderung hält Ruh',
Bis's wieder fleugt dem Himmel zu.

Und's Engelein ist auf sein Häuslein bedacht,
Wie's jeder Mensch mit sei'm eigenen macht,
Es ziert's und schmückt's aus um und an,
Daß es ihm drinne gefallen kann.

Es holt sich goldigen Sonnenschein,
Und legt ihn rings außen um's Dächelein,
Es holt sich Farben mancherhand,
Und bemalt sich von innen des Häusleins Wand.

Es backt sich von Blumenmehl Himmelsbrot,
Daß es auf Erden nicht leidet Not;
Es bräut sich aus Tau sein Tränklein frisch,
Und schickt sich in allem ganz haushälterisch.

Und das Blümmele hat recht seine Freud',
Wie sein Hausherr so drin schafft und bräut;
Und wenn's Englein dann wieder gen Himmel wandert,
So fällt das Häuslein vor Weh auseinander.

Liebes Maidelein, wenn du dann
Willst allweil die Englein um dich han,
So mußt du's nur mit den Blümlein halten,
So wer'n auch die Engelein um dich walten.

Stell' eine Blume vor das Fenster dein,
So läßt sie dir keinen bösen Gedanken herein;
Stecke vor deine Brust einen Blumenstrauß,
So gehst du allweg mit einem Engelein aus.

Begieße Frühmorgens ein Lilienreis,
So bleibst du den ganzen Tag lilienweiß;
Stell' Nachts an dein Bett eine Rose zur Hut,
So wiegt dich ein Engel auf Rosen gut.

Kein arg Träumen kann dich schrecken,
Denn ein Engelein wird dich decken;
Und welche Träum' es zu dir läßt ein,
Das müssen gute Träume sein.

Wenn du dann in solcher Hut
Wirst träumen von meiner Liebesglut;
So denke, daß sie ist treu und rein,
Sonst ließ sie das Englein nicht zu dir ein.

Rosengeschmeide.

Die Rose meiner Liebe,
Der keine Sonne scheint;
Daß sie nicht schmucklos bliebe,
Hat Perlen sich geweint.

Sie trägt als Brustgeschmeide
Der Thränen Perlenschnur.
Des Schmuckes mich entkleide
Die hohe Sonne nur.

Die Perlen alle wollen
Vergehn vor Ungeduld,
Bis sie zergehen sollen
An Blicken deiner Huld.

Die Sprachschülerin.

Komm, sprach das Mädchen, setze dich,
Und nimm mich in die Lehre,
Verhöre deine Schülerin,
Da hast du die Grammäre.

Gut, sprach ich, liebe Schülerin,
Allein mir fehlt ein Rütchen;
Wenn du den Lehrer zornig machst,
Wie kühlt er sich das Mütchen?

Er soll, sprach sie, für jedes Wort
Mich an dem Näschen zupfen,
Und wenn er härter strafen will,
Mich an dem Härchen rupfen.

Wie? sprach ich, sollen für den Mund
Die armen Härchen büßen?
Für jedes Wort, das du nicht weißt,
Sollst du mich einmal küssen.

Sie lächelt', und ihr Lächeln schien
Nicht ja, nicht nein zu sagen;
Ich aber ließ das Lächeln sein
Und hub sie an zu fragen.

Und alle Wörtchen fragt' ich sie,
Die mir die schwersten schienen;
Allein verloren war die Müh',
Und nichts war zu verdienen.

Es war alsob ein böser Geist
Ihr jedes Wörtchen sagte,
Denn gleich war ihre Antwort da,
Noch eh' ich recht sie fragte.

Bis endlich Amor meiner sich
Erbarmt', und ich erstaunte,
Als er drei leichte Wörtchen nur
Mir in die Ohren raunte.

Ich frug: Was heißt? Ich liebe dich!
Das wollte sie nicht wissen,
Da mußte sie mir jedes Wort
Mit einem Kusse büßen.

Gruß aus der Ferne.

Wieviel Lüftlein auf den Höh'n,
Wieviel Bächlein im Thale gehn
Über die grünen Heiden;
Wieviel Sternlein am Himmel flittern,
Wieviel Blättlein an Bäumen zittern;
Soviel Wünsche send' ich nach dir
In Schmerzen und zitternden Freuden.

Wär' ich der goldne Sonnenschein,
Jeder Strahl ein Gedanke mein,
Und jeder Schimmer ein Sehnen,
Wollt' ich mit einem Flammenkranz
Dir umflechten die Locken ganz,
Daß du strahltest als meine Braut,
Die schönste von allen Schönen.

O wenn ich dürfte die Hütte sein,
Die sich über dich senkt herein,
Dich enge zu umfassen!
Wie dein Leib in der stillen Hütte,
Wohnt dein Geist mir in Herzens Mitte;
Thür' und Thore verschlossen sind,
Du kannst dein Haus nicht verlassen.

Wenn der Durst mich drückt auf den Wegen,
Springt ein kühler Quell mir entgegen,
Deine Liebe, da trink' ich;
Wenn ich wandre in finstrer Nacht,
Ist die Fackel mir angefacht,
Seh' ich voraus mir die Fackel ziehn,
Nimmer matt' ich noch sink' ich.

Wenn ich wär' in der neuen Welt,
Vor mir die endlose Meerflut geschwellt,
Rief' ich hinaus in das Grausen,
Daß sie es sagte zu fernen Klippen,
Und die es sagten mit steinernen Lippen
Über Berge, Wälder und Thal,
Bis du es vernähmest mit Brausen.

Rufen will ich in Frühlingshainen
Meinen Namen und den deinen,
Daß ihn die Vögelein lernen;
Fliegen sie hin auf ferner Bahn,
Wo ich ihnen nicht folgen kann,
Wenn sie dir bringen den Gruß von mir,
Rufe mir Dank in die Fernen!

Wenn du nicht weißt, was die Bächlein sagen,
Denke nur, sie wollen klagen,
Daß wir uns mußten scheiden;
Wenn ein Busch seine Zweige senkt,
Denke nur, daß er sich kränkt,
Daß er nimmer auf grünem Moos
Schatten kann streu'n uns beiden.

Wenn der Herbst die Lilien bricht,
Denk' und weine, so zu nicht
Ist uns worden die Liebe;
Wenn der Frühling aus Schnee und Eis
Wieder rufet das grüne Reis,
Denke, so aus der Trennung soll
Wieder uns blühn die Liebe.

Wenn du die glühende Rose pflückst,
Und sie warm an den Busen drückst,
Gedenke, wie ich dich liebe!
Hundert Blätter die Rose hat,
Und es steht auf jedem Blatt
Geschrieben mit Herzblut und Morgenrot:
Liebst du mich, wie ich dich liebe?

O ihr Blumen, du stille Schar,
Hütet die Liebste mir immerdar
Mit euern Engelsaugen;
Nehmet von ihr den Liebesblick,
Und gebt eueren ihr zurück;
Laßt bald wieder aus euch und aus ihr
Neu seliges Leben mich saugen!

Zwölf Freier.

Zwölf Freier möcht' ich haben, dann hätt' ich genug,
Wenn alle schön wären und alle nicht klug.
Einen, um vor mir herzulaufen,
Einen, um hinter mir drein zu schnaufen;
Einen, um mir Spaß zu machen,
Und einen, um darüber zu lachen;

Einen traurigen, den wollt' ich schon fröhlich herzen,
Einen lustigen, ich wollt' ihm vertreiben das Scherzen.
Einem, dem reicht' ich die rechte Hand,
Einem, dem gäb' ich die linke zum Pfand;
Einem, dem schenkt' ich ein freundlich Nicken,
Einem, dem gäb' ich ein holdes Blicken;
Noch einem, dem gäb' ich vielleicht einen Kuß,
Und dem letzten mich selber aus Überdruß.

Böser Wunsch aus Liebe.

Ich wollte, daß du so häßlich würd'st,
Daß ich käme zu Sinnen,
Könnte dem Knoten, den du geschürzt,
Entrinnen,
Und könnte ohne Neid es sehn,
Wenn die anderen zu dir gehn.

Ich wollte, daß du so häßlich würd'st,
Daß alle es würden innen,
Daß alle stutzten und wichen bestürzt
Von hinnen,
Und ich könnte mit Lust es sehn,
Wie du müßtest verlassen stehn.

Ich wollte, daß du so häßlich würd'st,
Daß du kämest von Sinnen,
Und kämest auf mich zugestürzt
Mit Minnen,
Und würdest, wenn ich erhörte dein Flehn,
So schön dann wieder, als wär' nichts geschehn.

Liebesfrühling.

1.

Ich hab' in mich gesogen
Den Frühling treu und lieb,
Daß er, der Welt entflogen,
Hier in der Brust mir blieb.

Hier sind die blauen Lüfte,
Hier sind die grünen Au'n,
Die Blumen hier, die Düfte,
Der blüh'nde Rosenzaun.

Und hier am Busen lehnet
Mit süßem Liebesach
Die Liebste, die sich sehnet
Den Frühlingswonnen nach.

Sie lehnt sich an, zu lauschen,
Und hört in stiller Lust
Die Frühlingsströme rauschen
In ihres Dichters Brust.

Da quellen auf die Lieder
Und strömen über sie
Den vollen Frühling nieder,
Den mir der Gott verlieh.

Und wie sie, davon trunken,
Umblicket rings im Raum,
Blüht auch von ihren Funken
Die Welt, ein Frühlingstraum.

2.

Du meine Seele, du mein Herz,
Du meine Wonn', o du mein Schmerz,
Du meine Welt, in der ich lebe,
Mein Himmel du, darein ich schwebe,
O du mein Grab, in das hinab
Ich ewig meinen Kummer gab!
Du bist die Ruh', du bist der Frieden,
Du bist der Himmel mir beschieden.
Daß du mich liebst, macht mich mir wert,
Dein Blick hat mich vor mir verklärt,
Du hebst mich liebend über mich,
Mein guter Geist, mein beßres Ich!

3.

O mein Stern!
Nah und fern
War mir mancher holde Strahl erschienen;
Doch ich fand
Unbestand,
Und die Treu' allein in deinen Mienen.

O mein Stern,
Den ich gern
Lass' in meines Herzens Tiefe schauen!
Dir allein
Meine Pein,
Dir allein will ich mein Weh vertrauen.

O mein Stern!
Zu dem Herrn
Fleh' ich, der mir diesen Strahl beschieden,
Daß er mich
Sanft durch dich
Führ' aus meinem Kampf zu seinem Frieden.

O mein Stern,
Der vom Herrn
Mir an des Gemütes Himmelsbogen
Ward gesetzt,
Ungenetzt
Von dem Gischte sturmbewegter Wogen!

O mein Stern,
Der sich gern
Her zum Aufruhr meiner Seele neiget,
Eine Bahn
Diesem Kahn
Durch die Nacht und durch die Klippen zeiget!

O mein Stern,
Soll ich fern
Deinen sänftigenden Strahlen schreiten?
Doch verspricht
Mir dein Licht,
Mich auf allen Pfaden zu begleiten.

4.

Herr Gott! einen Engel
In dem Lande der Mängel,
Einen selig geschmückten,
Doch zum Staube gedrückten,
Einen unerkannten
Himmelsabgesandten,
Den du herabgesendet,
Und der zu dir gewendet
Blickt auf zu allen Stunden,
Hab' ich allhier gefunden,
Habe mich ihm gesellet,
Mich ihm zu Dienst gestellet
Mit meiner Liedergabe,
Die auch von dir ich habe.
Ich hab' ihm mit Liebkosen
Gestreut auf die Pfade Rosen,
Ich habe mit meinen Tönen
Sein Leben wollen verschönen,
Mit freundlichen Himmelsbildern
Der Erde Rauheit mildern.
Der Engel hat angenommen
Meine Dienste, die frommen,
Er schien sich zu erfreuen
An seines Dieners Treuen;
Vor meines Liedes Fächeln
Scheint ihm die Welt zu lächeln;
Es macht ihm still Entzücken,
Wie schön ich ihn kann schmücken.
Herr Gott! laß diesen Engel,

Diesen Lilienstengel,
Blühen in deinem Taue,
Zum Schmuck der Erdenaue!
Gieb ihm heitere Mienen,
Und mir gieb, ihm zu dienen
Zu einem Frühlingshauche,
Dem er zu zittern nicht brauche,
Dem er mit leisem Schwanken
Das leise Spiel mag danken!
Nicht hab' ich gelebt vergebens,
Wenn dieses Engellebens
Gesenkte Blüten nach oben
Durch meinen Hauch sich hoben.
Herr Gott! wenn diesen Engel
Aus dem Lande der Mängel
Du einst zum Himmel rufest,
Für welchen du ihn erschufest;
Laß um des Dienstes willen,
Den ich ihm weiht' im stillen,
O laß mich, um der stillen
Liebe des Engels willen,
O laß mich ohne Bangen
Mit ihm hinaufgelangen,
Vor deinem Thron vertreten
Von seinen Herzgebeten!

5.

So wahr die Sonne scheinet,
So wahr die Wolke weinet,
So wahr die Flamme sprüht,
So wahr der Frühling blüht;

So wahr hab' ich empfunden,
Wie ich dich halt' umwunden:
Du liebst mich, wie ich dich,
Dich lieb' ich, wie du mich.

Die Sonne mag verscheinen,
Die Wolke nicht mehr weinen,
Die Flamme mag versprühn,
Der Frühling nicht mehr blühn!
Wir wollen uns umwinden
Und immer so empfinden:
Du liebst mich, wie ich dich,
Dich lieb' ich, wie du mich.

6.

Ich sehe, wie in einem Spiegel,
In der Geliebten Auge mich;
Gelöst vor mir ist jedes Siegel,
Das mir verbarg mein eignes Ich.

Durch deinen Blick ist mir durchsichtig
Mein Herz geworden und die Welt;
Was in ihr wirklich und was nichtig,
Ist vor mir ewig aufgehellt.

So wie durch meinen Busen gehet
Hier deines Herzens stiller Schlag,
So fühl' ich, was die Schöpfung drehet
Vom ersten bis zum jüngsten Tag.

Die Welten drehn sich all' um Liebe,
Lieb' ist ihr Leben, Lieb' ihr Tod;
Und in mir wogt ein Weltgetriebe
Von Liebeslust und Liebesnot.

Der Schöpfung Seel' ist ew'ger Frieden,
Ihr Lebensgeist ein steter Krieg.
Und so ist Friede mir beschieden,
Sieg über Tod und Leben, Sieg.

Ich spreche still zur Lieb' im Herzen,
Wie Blume zu der Sonne Schein:
Du gieb mir Lust, du gieb mir Schmerzen!
Dein leb' ich und ich sterbe dein.

7.

Ich frage, wer zuerst geliebt
Ich oder sie, die mir mich giebt,
Und die von mir sich hat empfahn,
Die ich nicht unterscheiden kann
Von mir; wie soll ich unterscheiden,
Wer da zuerst geliebt von beiden?
Es war einmal die Blum' im Thal,
Und in den Lüften war der Strahl.
War für die Blume Strahl erglüht?
War Blume für den Strahl erblüht?
Zusammen waren sie geflossen,
Und die Vermählung war geschlossen.
Es war ein einz'ger Augenblick
Und bleibt ein ewiges Geschick.

8.

Der Himmel hat eine Thräne geweint,
Die hat sich in's Meer zu verlieren gemeint.
Die Muschel kam und schloß sie ein:
Du sollst nun meine Perle sein.
Du sollst nicht vor den Wogen zagen,
Ich will hindurch dich ruhig tragen.
O du mein Schmerz, du meine Lust,
Du Himmelsthrän' in meiner Brust!
Gieb, Himmel, daß ich in reinem Gemüte
Den reinsten deiner Tropfen hüte!

9.

Die Stunde sei gesegnet,
Wo ich dir bin begegnet,
Wenn diese Liebe Lust
Dir weckt in stiller Brust,
Wie Tau auf Blumen regnet!

Der Stunde sei geflucht,
Wo ich dein Herz gesucht,
Wenn in dir diese Liebe
Statt milder Freudentriebe
Soll tragen herbe Frucht! —

Gesegnet ist die Stunde,
Sprach sie mit süßem Munde,
Mir ist kein Weh geschehn;
Den Himmel fühl' ich stehn
In meines Herzens Grunde.

10.

Ein Obdach gegen Sturm und Regen
Der Winterzeit
Sucht' ich, und fand den Himmelssegen
Der Ewigkeit.
O Wort, wie du bewährt dich hast:
Wer wenig sucht, der findet viel.
Ich suchte eine Wanderrast,
Und fand mein Reiseziel.

Ein gastlich Thor nur wünscht' ich offen,
Mich zu empfahn,
Ein liebend Herz war wider Hoffen
Mir aufgethan.
O Wort, wie du bewährt dich hast:
Wer wenig sucht, der findet viel.
Ich wollte sein ihr Wintergast,
Und ward ihr Herzgespiel.

11.

Zu euch, ihr Blätter meiner Lieben,
Wo, was mein Herz empfunden hat,
Die Hand hat zitternd nachgeschrieben,
Leg' ich ein unbeschriebnes Blatt.

Es hat das schwellende Entzücken,
Das meine Brust beseligt hat,
Vermocht genügend auszudrücken
Kein einziges beschriebnes Blatt.

Du Sonnenblick in meinem Wesen!
Wenn nun dein Aug' durchlaufen hat
Die Blätter alle, soll es lesen
Auch dieses unbeschriebne Blatt!

O die du in der Seele Gründen
Mir lasest! Alles, was dir hat
Mein Schreiben können nicht verkünden,
Das lies vom unbeschriebnen Blatt!

12.

Deine Liebe hat mich beschlichen,
Wie der Frühling die Erde,
Wann der Winter nun ist entwichen,
Kaum merkt sie, daß warm es werde.

Aber der Sonne heimliche Kraft
Hat schon das Herz ihr gerühret,
In der Wurzel regt sich der Saft,
Noch ehe der Zweig es spüret.

Der Schnee zerschmilzt, die Wolken zergehn,
Die erste Blüt' ist entglommen,
Dann sieht sie in voller Glut sich stehn,
Und weiß nicht, wie es gekommen.

13.

Ich lag von sanftem Traum umflossen,
Und fühlte selig mich in dir,
Als ich die Augen aufgeschlossen,
Da hingst du lächelnd über mir.

Wie gerne mag dein Traum zerstieben,
Von deinem Kuß hinweg geflößt,
Wie hast du schön dich selbst vertrieben,
Wie schön dich selbst hier abgelöst!

14.

Die tausend Grüße,
Die wir dir senden,
Ostwind dir müsse
Keinen entwenden.

Zu dir im Schwarme
Ziehn die Gedanken.
Könnten die Arme
Auch dich umranken!

Du in die Lüfte
Hauche dein Sehnen!
Laß deine Düfte
Küsse mich wähnen.

Schwör' es! ich hör' es:
Daß du mir gut bist.
Hör' es! ich schwör' es:
Daß du mein Blut bist.

Dein war und blieb ich,
Dein bin und bleib' ich;
Schon vielmal schrieb ich's,
Noch vielmal schreib' ich's.

15.

Komm, mein Lamm,
Laß dich am
Treuen Band
Dieser Hand
Führen sanft
Hin am Ranft
Kühler Flut,
Fern der Glut,
Durch den Tau
Dieser Au,
Wo im Grün
Blumen blühn,
Und der Hauch
Spielt im Strauch.
Wohlgemut
Meiner Hut
Gieb dich hin!
Wo ich bin,
Ist kein Leid
Dir bereit,
Keine Not
Dir gedroht.
Folge nur
Meiner Spur
Unverirrt!
Ich, dein Hirt,
Führe dich;
Freue mich,
Dir allein

Mich zu weihn;
Bin nur, wo
Du's bist, froh;
Ruhig, wann
Ich dich kann
Ruhig schaun,
Dir das Graun
Mit dem Stab
Wehrend ab.

16.

Mein schöner Stern!
Ich bitte dich,
O lasse du
Dein heitres Licht
Nicht trüben durch
Den Dampf in mir,
Vielmehr den Dampf
In mir zu Licht,
Mein schöner Stern,
Verklären hilf!

Mein schöner Stern!
Ich bitte dich,
Nicht senk' herab
Zur Erde dich,
Weil du mich noch
Hier unten siehst,

Heb' auf vielmehr
Zum Himmel mich,
Mein schöner Stern,
Wo du schon bist!

17.

Ich will dich nicht beschränken,
Geh' du nur immerhin!
Und will mich auch nicht kränken,
Daß ich dir ferne bin.

Ich bin dir auch nicht ferne,
Du stehst in meinem Sinn
Gleich einem lichten Sterne,
Geh' du nur immerhin!

Du mußt die Welt beschauen,
Weil du ein Dichter bist.
Du siehst wohl schönre Frauen,
Als deine Freundin ist.

Du wirst wohl keine schauen,
Die treuer sei, als ich;
Das bringt dich mit Vertrauen
Zurück mir sicherlich.

Die Augen schickt' ich gerne
Als Boten mit dir aus,
Daß sie als Liebesterne
Dich leiteten nach Haus.

Es sende Gott die seinen,
Sie sehn dich dort, mich hie.
Und wenn hier meine weinen,
Fühl's, komm, und trockne sie!

18.

Ich zog durch Berg und Thal,
An hellen Frühlingsflüssen,
Es lag im Morgenstrahl
Die Welt zu meinen Füßen.

O wie sie anders ganz
Den Blicken dar sich stellte,
Seitdem der Liebe Glanz
Mein innres Aug' erhellte!

Ich sprach: Wie bist du schön
In allen deinen Zonen!
In Tiefen, auf den Höh'n,
Wo ist am schönsten wohnen?

Da saß ich still und sah
Die Welt um mich sich breiten,
Mir offen lag sie da
Nach allen ihren Seiten.

Mein Ost in Rosen stand,
Aus duft'gem Wolkengitter
Reicht' eine Engelshand
Herab mir eine Zither.

Nun thue, was du meinst!
Sprach sie mit sanftem Laute;
Ich bin's, mit welcher einst
Amphion Theben baute.

Weil du mich schwächer rührst,
Nicht wundr' es dich, wenn eben
Du keine Städt' aufführst,
Doch bau' dein eignes Leben!

Vollende deinen Gang!
Auf welcher dieser Auen
Willst du durch meinen Klang
Dein stilles Haus dir bauen?

19.

In diesem Walde möcht' ich wohnen,
Der freie Jäger möcht' ich sein,
Der in die dunklen Laubeskronen
Sich hat gepflanzt sein Haus hinein.

Der erste Strahl der Sonne schauet
Durch Tannengrün in's Schlafgemach,
Wo ihm der Schlaf im Aug' zertauet,
In Liebchens Armen wird er wach.

Sogleich mit seinen treuen Hunden
Zieht er hinaus durch Wald und Flur,
Und hat im Morgentau gefunden
Des Hirsches und des Rehes Spur.

Der Schütze jauchzt, die Hunde bellen,
Das scharfe Rohr giebt seinen Knall,
Und Jägerruf und Waldhorngellen
Erweckt im Forst den Widerhall.

Doch drinnen sitzt im Morgenhäubchen
Feinsliebchen, atmet Waldesduft,
Und horcht, wie Amsel, Fink' und Täubchen
Den Morgengruß in's Fenster ruft.

Sie hört im Forst die Zweige flistern,
Daß sie ein süßes Grausen spürt,
Und auf dem Herd die Flammen knistern,
Die sie mit duft'gem Kien geschürt.

Wie lange mag der Liebste säumen
Bei seiner lust'gen Jägerei?
Der stille Strom mit Silberschäumen
Fließt an des Gärtchens Zaun vorbei.

Sie schürzt sich auf als Fischermädchen
Und sitzt an Waldstroms grünem Rand;
Die Angel schwebt am leisen Fädchen,
Dann spielt der Fisch in ihrer Hand.

Und wenn der Jäger kommt nach Hause
Und bringt das Wildbrät für den Tisch,
Wird erst das Mahl zum leckern Schmause,
Den Jäger überrascht der Fisch.

Es haben sich die müden Rüden
Im hohen Gras zur Ruh' gelegt,
Weil auch den Jägersmann, den müden,
Die Laub' in kühlem Schatten hegt.

Er horcht, entschlummernd, auf das Gleiten
Des Stroms, der leis' hinunter zieht.
Die Liebste schmiegt sich ihm zur Seiten
Und wiegt ihn ein mit einem Lied:

Ihr Hirsch' im grünen Wald, ihr Rehe,
Nun lagert euch an kühler Flut,
Und sorget nicht, daß euch geschehe
Ein Leid, denn euer Schütze ruht!

Du schau' mir, hohe Mittagsonne,
Nicht durch die laub'ge Nacht herein;
Und was du spähst von unsrer Wonne,
Das laß der Welt verschwiegen sein!

Ihr Stromeswellen, die ihr rauschet
Hinaus in's Land vom grünen Wald,
Sagt's keinem, daß ihr habt belauschet
Hier unsrer Freuden Aufenthalt!

20.

Es ist kein Stand auf Erden,
Er reizt des Dichters Neid:
Der Schäfer bei den Herden
Ist eine Herrlichkeit.

Der Jäger in den Wäldern
Ist vollends eine Lust;
Den Landmann in den Feldern
Trag' ich in meiner Brust.

Der Schnitter, der die Halmen
Vom Feld nach Hause bringt;
Der Priester, der die Psalmen
Für die Gemeinde singt.

Der Bergmann mit der Zither
Bewegt das Gold im Schacht;
Zu Roß der kühne Ritter
Bewegt sich in der Schlacht.

Der Schiffer in dem Nachen
Schwebt auf der klaren Flut;
Der Wächter hat zu wachen
Vom Turm, wenn alles ruht.

Im Walde der Einsiedler
Ist sich genug allein;
Beim Erntefest der Fiedler
Erregt den bunten Reihn.

Ich möchte meinen Garben
Die Scheuer selber baun,
Mein Haus mit eignen Farben
Möcht' ich bemalet schaun.

Ich möchte meine Reben
Als Winzer ziehn für mich,
Auf eignem Webstuhl weben
Das Kleid für mich und dich.

O Liebste, so gefallen
Mir alle Stände wohl,
Daß ich nicht weiß, von allen
Was ich erwählen soll.

Sie sprach: Erwählet hast du
Den besten Stand bereits.
Laß anderen die Last du,
Und nimm für dich den Reiz!

Du kannst dich zum Ergetzen,
Und mich an deiner Hand,
Im Augenblick versetzen
In den und jenen Stand;

Als Schäferin mich kleiden,
Und dich als Jäger grün;
Mich lässest Lämmer weiden,
Und tötest Hirsche kühn.

Du pflanzest einen Garten,
Wo Lenz zu jeder Frist,
Die Blumen aller Arten,
Und nirgend Unkraut ist.

Wir wohnen heut auf Almen
Im luft'gen Schweizerland,
Und morgen unter Palmen
An Ganga's heil'gem Strand.

Du tauchest in die Schachten
Und bringst den Edelstein,
Und deine Lieder brachten
Mir tausend Perlen ein.

Du rührest ja die Saiten
Und drehst die Stern' im Tanz,
Und deine Farben breiten
Um's Herz mir Himmelsglanz.

Aus Strahlen und aus Tönen
Hast du erbaut dein Haus;
Komm, ruh' mir nun im schönen
Gemach des Busens aus.

21.

Da ich der Ostwind bin,
Wie sollt' ich nicht dahin
Mit meinen Seufzern wehen,
Wo meine Rosen stehen!

Da Schmetterling ich bin,
Wie sollt' ich nicht dahin
Zum Opfer meine Schwingen,
Wo meine Kerz' ist, bringen!

Da ich die Biene bin,
Wie sollt' ich den Gewinn
Der Düfte dort nicht holen
Bei Nelken und Violen!

Da Sonnenblum' ich bin,
Wie sollt' ich nicht den Sinn
Nach meiner Sonne wenden,
Am Lichte süß mich blenden!

Da ich dein Liebster bin,
Wie sollt' ich immerhin
Nach dir zurück nicht trachten!
O Liebste, sieh mich schmachten!

22.

Die Liebe saß im Mittelpunkt
Und blickte rings in's Ferne;
Und wo von ihr ein Blick hin funkt,
Erblühn am Himmel Sterne.

Hier ist ein neuer Strahl ersprüht,
Und dort erlischt ein Schimmer.
Der Kranz der Welt ist unverblüht,
Die Liebe blickt noch immer.

23.

Eine hab' ich singen hören,
Daß ich's nun mir denken kann,
Wie mich einst mit Engelchören
Wird der Himmel sprechen an.

Von den Abendglockenlauten
Sang sie mir ein Lied in's Herz,
Daß die Augen Sehnsucht tauten,
Und mir Wonne ward zum Schmerz.

Und die Abendglockenklänge
Klingen so mir nach im Ohr,
Daß die eigenen Gesänge
Mir wie tonlos kommen vor.

Süß'res wüßt' ich nicht zur Stunde,
Als daß ich, in Klang zertaut,
Werden dürft' in ihrem Munde
Solch ein Abendglockenlaut.

24.

Ich seh's an allen Zeichen,
Daß meine Sonne kommt.
Die lichten Stern' erbleichen,
Weil nur die Demut frommt
Den Dienern, wo erschienen
Der Herr ist, dem sie dienen.

Ich seh's an allen Zeichen,
Daß meine Sonne naht.
Der Mond muß scheu entweichen,
Der ihren Platz vertrat,
Nun sie will sein im Äther
Ihr eigner Stellvertreter.

Ich seh's an allen Zeichen,
Daß meine Sonn' erwacht.
Die Schatten furchtsam streichen
Durch die erregte Nacht;
Sie faßt des Lichtes Schauern,
Vor dem nicht Schatten dauern.

Ich seh's an allen Zeichen,
Daß meine Sonn' erblüht.
Die Wolken sind mit reichen
Duftröten angesprüht;
Sie wollen's noch umfloren
Das Licht, das schon geboren.

Ich seh's an allen Zeichen
Daß meine Sonn' erscheint.
Der Morgen hat die weichen
Tauperlen schon geweint,

Sein schmelzendes Entzücken
Den Fluren auszudrücken.

Ich seh's an allen Zeichen,
Du bist die Sonne mein.
Die Morgenlüfte schleichen
Sich mir in's Herz hinein,
Und Ahnungslichter schweben,
Der Seele Flor zu heben.

Ich seh's an allen Zeichen,
Du bist die Sonne mir.
Des Herzens Triebe reichen
Wie Blumen auf zu dir,
Und wie ein Baum in Blüte
Aufgeht dir das Gemüte.

Ich seh's an allen Zeichen,
Du bist die Sonn' allein;
Denn du bist ohne gleichen,
Und du bist einzig mein;
Mir unter ging die ganze
Natur in deinem Glanze.

25.

Komm, meine jüngste Sonne,
Betritt dein strahlend Feld!
Rasch sei von deiner Wonne
Mein kurzer Tag erhellt.

Gegangen sind der Sonnen
Hin über mich wieviel,
Seit ich zu blühn begonnen
In ihrer Strahlen Spiel.

Als aus der Kindheit Träumen
Zuerst mein Herz erwacht,
Sah ich ein Frühroth säumen,
Den Horizont der Nacht.

Es war der Himmelsbogen
Entbrannt von Ungeduld,
Von Ahnung überflogen
Annah'nder Sonnenhuld.

Da stieg die erste Sonne,
Da schwoll mein erster Trieb,
Das war die erste Wonne,
Das war mein erstes Lieb.

Da kam die erste Klage,
Als mir die Sonn' erblich,
Nach Einem Frühlingstage
Mir in die Nacht entwich.

Da kamen, Licht-erneuend,
Wohl andre schön und klar,
Doch keine so erfreuend,
Wie nur die erste war.

Da wuchs ich im Gefilde,
Und richtete mit Lust
Je nach dem Sonnenbilde
Den stillen Trieb der Brust.

Ich wuchs und blühte weiter
In Sonnenlieb' allein,
Ob trüber mich, ob heiter
Berühren mocht' ihr Schein.

Von Morgentau besprenget,
Von Frührot angehaucht,
Von Mittagsglut versenget,
In Abendrot getaucht.

Der Frühling ist geschwunden,
Und auch der Sommer schwand,
Und immer kürzre Stunden
Das Licht am Himmel stand.

Die Liebe blickte streifend,
Von schiefer Sonnenbahn,
Mit Gluten nicht ergreifend,
Mich matten Auges an.

Wie ist mir denn geworden,
Was ich noch hoffte kaum,
Im herbstumwölkten Norden,
Ein neuer Frühlingstraum!

Daß sich zum Licht erheben
Der Trieb noch einmal mag!
Das hast du mir gegeben,
Du letzter Sonnentag.

Du letzter Gruß der Wonne,
Du letzter Blick der Qual,
Du jüngste Liebessonne,
Du schöner Todesstrahl.

O neige schönheitstrunken
Dein Haupt am Himmel schief,
Und schleudre Blitzesfunken
Mir in die Seele tief.

Die blaue Luft des Auges
Erheitre mit dem Schein
Des Lächelns, und ich saug' es
Mit durst'gen Fasern ein.

Laß alle Schleier fallen
Von deinem Angesicht,
Und es allein umwallen
Der Locken goldnes Licht.

Laß deinen Blick mir kosen,
Laß deinen Hauch mir wehn,
Bis alle Sehnsuchtrosen
An mir in Blüte stehn.

Du sollst mich heiß nicht küssen,
Wie Sommersonnenbrand,
Nur leise niedergrüßen
Von deinem Himmelsrand.

In deinen Strahlen färben
Will ich mein letztes Grün,
Und, Sonnenopfer, sterben
An deiner Blicke Sprühn.

26.

Tausend Nachtigallen
Sind in meiner Brust,
Durcheinander schallen
Hör' ich sie mit Lust.

Tausend Frühlingsrosen
Blühn in meinem Tau,
Und mit jeder kosen
Will ein Ostwind schlau.

Tausend Liebessterne
Stehn in meiner Luft,
Und ich lauschte gerne,
Wie mir jeder ruft.

Tausend Edelsteine
Sprühn in meinem Schacht,
Hell vom bunten Scheine
Flimmt des Herzens Nacht.

Und das Sprühn und Flimmen
Hält den Blick umflirrt,
Im Gewühl der Stimmen
Ist das Ohr verirrt.

Traumgefühle schweifen
Um im Meer von Glanz,
Können nicht ergreifen
Der Gestalten Tanz.

Aus den Einzelheiten
Keiner Einheit Chor,
Aus den Farben schreiten
Will kein Bild hervor.

Komm mit leisem Tritte,
Liebe, Schöpfungsgeist,
In des Herzens Mitte,
Wo die Schöpfung kreist!

Wie du vorgetreten,
Sonne, sichtbarlich,
Müssen die Planeten
Alle drehn um dich.

Wie du stehst alleine,
Fürstin im Harem,
Reihn sich Edelsteine
Dir zum Diadem.

Alle Frühlingsrosen
Werden dir ein Kranz,
Buntes Farbentosen
Schmilzt in deinen Glanz.

Aller Lieder Schallen
Untergeht in dir,
Und die Nachtigallen
Freimunds schweigen hier.

27.

Wann wirst du dich enthüllen
Vor meinen Blicken ganz,
Ergießen deine Füllen,
Daß ich vergeh' im Glanz?

Gesuchte mir gefundne
In tausendfacher Spur,
Und wieder mir entschwundne,
Wo birgst du mir dich nur?

Ich hab' im Sternenlichte
Nach deinem Blick gefragt,
Von Morgens Angesichte
Hast du mich angetagt.

Ich hab' auf Rosenwangen
Von dir gesehn den Strahl',
Dein Lächeln aufgegangen
Sah ich im Rosenthal.

Im schlanken Wuchs, im Gange,
Hab' ich dich dort geahnt;
Hier hat mich mit dem Klange
Die Stimm' an dich gemahnt.

Ich dachte, daß du zeigen,
Ein lichtgewobner Leib,
Dich müssest mir, und eigen
Mir sein als liebend Weib.

Doch immer, eh' die Glieder
Des Duftes zur Gestalt
Geworden, bist du wieder
Mir in den Duft zerwallt.

Und immer, eh' die Schimmer
Zum festen Strahlenbild
Geronnen, bist du immer
Zerflossen im Gefild.

Des Lenzes Morgenröten
Verkünden dich mir nah,
Und Nachtigallenflöten
Dich mir unsichtbar da.

Es lächeln's alle Rosen,
Daß du den Freund geneckt,
Und alle Lüfte kosen,
Daß du dich ihm versteckt.

In welcher dieser Lauben,
Wodurch die Ahnung rauscht,
Verratet's, o ihr Tauben,
Wo sie verborgen lauscht.

Sie will aus den Tapeten,
Die ihr der Lenz geliehn,
Sie will hervor nicht treten,
Und mich hinein nicht ziehn.

28.

Ich fuhr auf schwankem Kahne,
Mit ungewissem Sinn,
Im Lebensozeane
Geworfen her und hin.

Als wie Odysseus weiland,
Doch nicht mit seinem Mut.
Da war vor mir ein Eiland
Gestiegen aus der Flut.

Das Eiland der Sirenen
Erkannt' ich am Gesang,
Der so mit süßem Sehnen
Zu mir herüber klang:

O Schiffer komm, und lege
Den müden Nachen bei!
Komm, und in stiller Pflege
Werd' eitler Arbeit frei.

Wie lange willst du steuern
Durch Müh' und Not dein Schiff?
Im Meer, dem ungeheuern,
Befahren Klipp' und Riff?

Wie lange willst du schweifen
Die Wogen auf und ab,
Bis dich wird ein' ergreifen
Und ziehn in's kalte Grab?

O gieb des Lebens Kürze
Nicht allen Winden preis!
Komm, und den Becher würze
Des Daseins dir mit Fleiß.

Hier winkt, dem lauten Tosen
Entrückt der Menschenflut,
Das Eiland, wo auf Rosen
Der ew'ge Friede ruht.

Hier brechen sich die Wogen
Am sanften Borde kaum,
Und haben nie betrogen
Den Schläfer um den Traum.

Hier sind die kühlen Schatten,
Wo leise Lüfte wehn;
Hier sind die grünen Matten,
Wo süße Quellen gehn.

Hier sind die Blütenlauben,
Hier ist der Baum mit Frucht,
Des Herbstes reife Trauben,
Des Frühlings Rosenzucht.

Der Frühling, den kein kalter
Hauch eines Winters neckt;
Die Jugend, die kein Alter
Aus ihren Spielen schreckt.

Was wohnen strenge Musen
Am steilen Helikon?
Am weichen Meeresbusen
Ist unser Liebesthron.

Wo Amor ist der Schenke,
Und Grazien Huris,
Schlürft Seligkeitsgetränke
Anakreon-Hafis.

29.

Rose, Meer und Sonne
Sind ein Bild der Liebsten mein,
Die mit ihrer Wonne
Faßt mein ganzes Leben ein.

Aller Glanz, ergossen,
Aller Tau der Frühlingsflur,
Liegt vereint beschlossen
In dem Kelch der Rose nur.

Alle Farben ringen,
Alle Düft' im Lenzgefild,
Um hervorzubringen
Im Verein der Rose Bild.

Rose, Meer und Sonne
Sind ein Bild der Liebsten mein,
Die mit ihrer Wonne
Faßt mein ganzes Leben ein.

Alle Ströme haben
Ihren Lauf auf Erden bloß,
Um sich zu begraben
Sehnend in des Meeres Schoß.

Alle Quellen fließen
In den unerschöpften Grund,
Einen Kreis zu schließen
Um der Erde blüh'ndes Rund.

Rose, Meer und Sonne
Sind ein Bild der Liebsten mein,
Die mit ihrer Wonne
Faßt mein ganzes Leben ein.

Alle Stern' in Lüften
Sind ein Liebesblick der Nacht,
In des Morgens Düften
Sterbend, wann der Tag erwacht.

Alle Weltenflammen,
Der zerstreute Himmelsglanz,
Fließen hell zusammen
In der Sonne Strahlenkranz.

Rose, Meer und Sonne
Sind ein Bild der Liebsten mein,
Die mit ihrer Wonne
Faßt mein ganzes Leben ein.

30.

Der Sehnsucht Ostwind hob den Schleier
Von meiner Liebe Angesicht,
Und aufgethan in stiller Feier
War mir des Paradieses Licht.

Ich flog hinan auf Luftgefieder,
Sie nahm den Schleier wieder vor,
Und trostlos irrt die Sehnsucht wieder
Nun ums geschloss'ne Himmelsthor.

31.

Ein weißes Blütenglöckchen,
Unschuld'ger Neubegier,
Am lebensfrohen Stöckchen,
Sah ich dich stehn vor mir.

Und wieder um ein Weilchen
Verwandelt sah ich dich,
Ein schwermutvolles Veilchen,
Voll Duft gesenkt in sich.

Und um ein Weilchen wieder
Da blühtest du so voll,
Daß unter'm knappen Mieder
Die Rosenfülle schwoll.

Und Nachtigallgekose
Und Ostwinds Schmeichelei,
Sie sagten, daß die Rose
In dir erstanden sei.

Wer ist die, der's gelungen,
Die wunderbare Macht,
Die die Verwandelungen
Des Frühlings still vollbracht?

Daß Veilchenschwermutsbläue
Erst aus Schneeglockenmut,
Und dann aus Veilchenscheue
Wuchs Rosenliebesglut?

32.

Der Frühling war im Hauch der Lüfte
Und in der Sonne mildem Schein;
Doch mischten keine Blumendüfte
Sich, keine Blumenfarben, drein.

Wohl an der heitern Himmelsbühne
Stand lächelnd das verklärte Blau,
Doch wollte nicht das frische Grüne
Hervor sich wagen auf der Au.

Da wandelte, im grünen Schleier,
Sie ihren Garten auf und ab;
Was giebt er ihr zur Frühlingsfeier,
Der ihr so oft sein Schönstes gab?

Er hat ihr heute nichts zu geben,
Er ist so arm, es kränkt ihn still,
Er kann den Frühling nicht erstreben,
Den er ihr gerne opfern will.

Und hast du nichts ihr darzubringen,
O schmachte nicht in eitlem Harm!
Versuch' ihr selbst es abzuringen;
Sie ist so reich, als du bist arm.

Da langt als ein verwegner Freier
Ein übermüt'ger Rosendorn
Nach der Gebiet'rin grünem Schleier,
Und hält ihn fest in süßem Zorn.

Er segnet seines Glückes Lose,
Zu prangen mit geborgtem Grün,
Und sieht erstaunt die Frühlingsrose
Des Angesichts im Grünen blühn.

33.

Dieses Saitenspiel der Brust,
Das du hast so reich besaitet, —
Fassen lehre mich die Lust,
Himmel! daß du's mir bereitet.

Diese Seele, rein gestimmt,
Himmelsnachhall in den Tiefen;
Jeder leise Ton verschwimmt,
Alsob Engel Engel riefen.

Freilich ist das ein Gesang,
Aber keiner durch die Kehle,
Sondern Liebesüberschwang
Aus dem Himmel, aus der Seele.

Diesem schweigenden Gesang
Müssen Mienen und Gebärden,
Blicke, Lächeln, Worte, Gang,
Dienend lauter Töne werden.

Mach', o feuchter Hauch der Welt,
Diese Saiten nie erschlaffen!
Doch die Seele, die sie schwellt,
Hat auch Kraft, sie neu zu straffen.

Ja du bist so hell gestimmt,
Wie des Abendsternes Laute,
Dem vorbei die Wolke schwimmt,
Wie der Gram an dir zertaute.

Diese Harfe Gottes, die
Dies mein Herz mit sich versöhnet,
Ihm mit ew'ger Melodie
Liebe, Liebe, Liebe tönet!

Dieses Psalter, das allein
Vorbild sei für Freimunds Leier,
Alle Welt zu laden ein
Zu der ew'gen Liebesfeier!

Himmel! gieb mir das zum Lohn,
Daß mein Lieben, daß mein Singen
Nie müss' einen falschen Ton
In die reinen Saiten bringen.

34.

Wer in der Liebsten Auge blickt,
Der hat die Welt vergessen.
Der kann nicht, wen ihr Arm umstrickt,
Was draußen liegt, ermessen.

Ich halt' in meinem Arm ein Glück;
Wer kann es mir entziehen?
Und nähm' es morgen Gott zurück,
War's heut' mir doch geliehen.

Verlangen kann ein Menschenherz
Nichts Besseres auf Erden,
Als fühlen Liebeslust und Schmerz,
Und dann begraben werden.

35.

Dein Liebesevangelium
Zu predigen der Welt,
Hast du mich nicht erschaffen stumm,
Du hast mir zugesellt

Das laute freie Saitenspiel,
Das ich so lange schlug.
Und wenn es deinem Ohr gefiel,
So lohnst du mir's genug.

Du hast zu Liebesanges Lohn
Die Liebe mir verliehn,
Und Kraft dadurch, im hellsten Ton
Nun erst einherzuziehn.

Ich habe nur alswie im Traum
Bisher gesungen ja
Von Paradies und Lebensbaum,
Die ich von ferne sah.

In Paradieses Mitte hast
Du nun mich eingeführt,
Zum Baum des Lebens, dessen Ast
Nicht mehr die Schlang' umschnürt.

Du gabest selber mir die Frucht
Zu essen in die Hand.
Sie trieb mich nicht vor dir zur Flucht,
Und nicht in's Bußgewand.

Du hast aus übergroßer Huld
Das Wunder mir gemacht,
Aus dem Bewußtsein meiner Schuld
Zur Unschuld mich gebracht.

Ich sing' in deiner Gnade Glanz,
Horcht, wie die Saite tönt!
Die Liebe hat im Sternenkranz
Gott mit der Welt versöhnt.

36.

Mir ist, nun ich dich habe,
Als müßt' ich sterben.
Was könnt' ich, das mich labe,
Noch sonst erwerben?

Mir ist, nun ich dich habe,
Ich sei gestorben,
Mir ist zum stillen Grabe
Dein Herz erworben.

37.

Ich liebe dich, weil ich dich lieben muß;
Ich liebe dich, weil ich nichts anders kann;
Ich liebe dich nach einem Himmelschluß;
Ich liebe dich durch einen Zauberbann.

Dich lieb' ich, wie die Rose ihren Strauch;
Dich lieb' ich, wie die Sonne ihren Schein;
Dich lieb' ich, weil du bist mein Lebenshauch;
Dich lieb' ich, weil dich lieben ist mein Sein.

38.

Eh' es dich fand, geahnet
Hat dich das Lied in mir;
Und hat mir nicht gebahnet
Das Lied den Weg zu dir?

Da bist du mir begegnet,
Wo ich die Laute trug;
Die Stunde sei gesegnet,
Seit ich für dich sie schlug.

Einst mußt' ich wie im Traume
Als Dichter kund mich thun;
Nun stehst du mir im Raume,
Ein Seher bin ich nun.

Ich hab' in Formenschranken
Mich dazu vorgeübt,
Um nun den Gottgedanken
Zu spiegeln ungetrübt;

Um diesen Gottgedanken
Der Liebe, die mich schwellt,
Aus deiner Arme Schranken
Zu singen in die Welt.

39.

Der Schöpfung ew'ger Mittelpunkt
Ist in des Menschen Herzen,
Aus welchem durch die Welten funkt
Ein Strahl von Lust und Schmerzen.

Des Menschen Seel' erwärmt allein
Der Erde starre Glieder,
Und gießt durch's eherne Gebein
Des Fühlens Schauer nieder.

Es füllt allein des Menschen Geist
Mit Leben aus die Räume,
Bis wo die letzte Sphäre kreist,
Aussendend Liebesträume.

Die Bälle, die, im Kreis geführt,
Dem Bann der Schwere frönen,
Wie sie der Liebe Blick berührt,
So leuchten sie und tönen.

Zum unbewußten Kind der Au
Die Liebe spricht: Erwache!
Im Auge der Empfindung Tau.
Der Sonn' entgegen lache!

Der ew'gen Hoffnung Morgenröt'
Im Osten angeflogen,
Und in den Wolken steht erhöht
Des Glaubens Regenbogen.

Die Perle naht, der Edelstein,
Aus Schacht und Meeresgründen,
Zum Dienst der Liebe sich am Schein
Der Sonne zu verbünden.

Ich möcht' ein Stern nicht sein, wenn ich
Kein liebend Aug' entzückte,
Und keine Blume, wenn nicht mich
Der Liebsten Finger pflückte.

Die Geister alle der Natur
Mit sehnsuchtsvollen Mienen,
Sie drängen sich heran, um nur
Zum Gleichnis dir zu dienen.

Ich greif' ins glänzende Gewühl,
Und such' in tausend Bildern
Ein unaussprechliches Gefühl,
Mein Lieben, dir zu schildern.

40.

Ich war am indischen Ozean
Einst eine Palm' entsprungen,
Du warst die blühende Lian'
Um meinen Schaft geschlungen.

Ich war einmal ein Blütenast
In Edens schönster Laube,
Da hattest du auf mir die Rast
Gewählt als girrende Taube.

Du warest einst ein Morgenduft
Um Schiras Gartenbeete,
Da war ich eine Morgenluft,
Die spielend dich verwehte.

Du warst auf Sinas Moschusflur
Die einsame Gazelle,
Ich fand im Taue deine Spur
Und ward dein Spielgeselle.

Ich war ein lichter Tropfen Tau,
Und als ich nieder sprühte,
Warst du ein Blumenkelch der Au,
Und nahmst mich in's Gemüte.

Ich war ein klarer Frühlingsquell,
Ich hab' es nicht vergessen,
Du standst, und trankest meine Well',
Als schlankste der Zypressen.

Ich war ein Funken Gold im Schacht,
Da hab' ich ganz alleine
Zum Ringe mich, und dich gemacht
Zu meinem Edelsteine.

Ich war einmal ein Mondenstrahl,
Du Abendsternes Blinken,
Da sahest du viel tausendmal
Mich dir von ferne winken.

Du warest vor mir auf der Flucht,
Vor meinem Blick geschwunden.
Ich habe damals dich gesucht,
Nun hab' ich dich gefunden.

41.

Was soll ich dir für Namen geben?
Mein trautes Herz! mein einz'ges Leben!
Mein Sonnenblick! mein Seelenstrahl!
Mein Hoffen, Sehnen und Verlangen!
Mein Wünschen, Glauben, Zweifeln, Bangen!
O meine süße Liebesqual!

Ich nenne dich mit allen Namen,
Die je von Liebeslippen kamen,
Ich grüße dich mit jedem Laut,
Den du mir je geküßt vom Munde,
Ich nenne dich im Herzengrunde,
Lieb, ewig teuer, Schwester, Braut!

42.

Ich wohn' in meiner Liebsten Brust,
In ihren stillen Träumen.
Was ist die Welt und ihre Lust?
Ich will sie gern versäumen.

Was ist des Paradieses Lust
Mit grünen Lebensbäumen?
Ich wohn' in meiner Liebsten Brust,
In ihren stillen Träumen.

Ich wohn' in meiner Liebsten Brust,
In ihren stillen Träumen.
Ich neide keines Sternes Lust
In kalten Himmelsräumen.

Was ist die Welt und ihre Lust?
Ich will sie gern versäumen.
Ich wohn' in meiner Liebsten Brust,
In ihren stillen Träumen.

43.

Wie die Engel möcht' ich sein
Ohne Körperschranke;
Deren Unterredung ein
Tönender Gedanke.

Oder wie die Blum' im Thal,
Wie der Stern in Lüften,
Dessen Liebesruf ein Strahl,
Deren Sprach' ein Düften.

Oder wie der Morgenwind,
Der um seine Rose
Aufgelöset ganz zerrinnt
In ein Liebgekose.

Ärmer ist die Nachtigall,
Die nicht kann zerfließen,
Sondern nur der Sehnsucht Hall
Lässet sich ergießen.

Eine Nachtigall bin ich,
Aber stumm geboren;
Meine Feder spricht für mich,
Doch nicht zu den Ohren.

Leuchtendes Gedankenbild
Ist des Griffels Schreiben;
Doch wo du nicht lächelst mild,
Muß es tonlos bleiben.

Wie dein Blick das Blatt berührt,
Fängt es an zu singen,
Und den Preis, der ihr gebührt,
Hört die Lieb' erklingen.

Jeder Buchstab' ist zumal
Memnonsäule worden,
Die geküßt vom Morgenstrahl
Aufwacht in Akkorden.

44.

Die Liebste fragt, warum ich liebe?
Wie wenn, o schöne Fragerin,
Ich dir die Antwort schuldig bliebe,
Warum ich atme, leb' und bin?

Die Liebste fragt mich, was ich liebe?
Dich lieb' ich und die Welt in dir,
Ich lieb' in dir des Schöpfers Liebe,
Und seiner Schöpfung Zier an dir.

45.

Der Liebsten Herz ist aufgewacht
Aus einer Nacht voll Sorgen;
Ich hab' ihm einen Gruß gebracht
Zu neuem Freudenmorgen.

Der Liebsten Herz ist aufgewacht
Aus einem Zauberschlummer,
Ein Wunder hat zunicht gemacht
Den Bann von Gram und Kummer.

Der Liebsten Herz ist aufgewacht
Alswie aus tiefem Traume,
Es sieht erstaunt die Frühlingspracht
Um sich im Weltenraume.

Der Liebsten Herz ist aufgewacht
Zu einem neuen Leben;
Ein Himmel hat es angelacht,
Darein es will verschweben.

Der Liebsten Herz ist aufgewacht,
Alswie die Ros' am Strauche;
Die Liebe hat es angefacht
Mit einem frischen Hauche.

Der Liebsten Herz ist aufgewacht,
Es ringt und springt in Freuden,
Und will nun seine reiche Macht
Der Lust an mich vergeuden.

Der Liebsten Herz ist aufgewacht,
Ich hab' es aufgewecket,
Und wache, daß es keine Nacht
Des Grames wieder decket.

46.

Sie sah den Liebsten schweigend an,
Sie sucht' ein Wort, auf das sie sann.
Sie dachte, und in Duft zerfloß
Des Denkens Faden, den sie spann.
Empfindung tauchte auf, alswie
Die Nymph' aus Fluten dann und wann.
Und tauchte wieder in die Flut,
Als ob es sie zu reu'n begann.
Die Seele war der Knospe gleich,
Die will und sich nicht aufthun kann.
Sie lächelte, als staunte sie
In sich ein holdes Rätsel an.
Sie atmete, alsob auf's Herz
Ihr drück' ein süßer Zauberbann.
Sie blickte wie nach einem Traum,
Der schwimmend nicht Gestalt gewann.
Sie flüsterte, es war kein Wort,
Ein Hauch nur, der in Duft zerrann.
Sie flüstert' ihm das Wort in's Herz:
Du bist ein sehr geliebter Mann.
Du bist ein sehr geliebtes Weib.
So sprachen sie und schwiegen dann.

47.

Warum sich zwei erwählen,
Zusammen Eins zu sein,
Untrennlich sich vermählen
Zu Leib- und Seelverein?
Sind sie dazu geboren?
Von Gott dazu erkoren?
Es ist nicht auszuzählen,
Warum es so muß sein.

Die Welt, sie stand so munter
Vor meinen Augen da;
Die ganze ging mir unter,
Da ich den Einen sah!
Es faßte mich ein Bangen,
Wie ich sie sah zergangen;
Doch schöner ging und bunter
Sie auf im Freunde ja.

Ich träumte nur von Wonnen
Wann ich mich sonst gefreut;
Ich meinte wohl, daß Sonnen
Mir schienen auch wie heut;
Das alles war ein Schatte,
Da ich die Lust nicht hatte,
Die nun als wie ein Bronnen
Sich aus sich selbst erneut.

Es wurden die Gewalten
Der Liebe mir bewußt;
Ich fühle sich entfalten
Im Herzen eine Lust,

Mit meinen Liebesblicken
Die Schöpfung zu umstricken,
Gott, Himmel, Welt zu halten
Vereint an meiner Brust.

Kann man im Herzen tragen
Soviel zu einer Frist?
Ich will davor nicht zagen,
Weil alles Eins nur ist.
Durch Liebe will ich zeigen
Der Welt, ich sei liebeigen,
Und jeder Blum' es sagen,
Daß du mein Gatte bist.

Ich will die Liebesspenden
(O zürne nicht der Braut)
An alle Welt verschwenden,
Wie Lenz vom Himmel taut.
Mir ist soviel geblieben:
Ich kann sie alle lieben,
Ohn' etwas zu entwenden
Dir Einem süß und traut!

48.

Ich segne diese Tropfen,
Die an das Fenster klopfen,
Und sprechen: Wer zu Haus,
Der geh' itzt nicht hinaus.

Vom Himmel strömt im Regen
Den Fluren duft'ger Segen,
Daß neue Blumen blühn
Aus dem erfrischten Grün.

Mir aber strömen nieder
Im Regen Lieb' und Lieder,
In meiner Liebsten Haus,
Wo ich nicht kann heraus.

Ich hätt' im Strahl der Sonnen
Verlassen meine Wonnen,
Ich hätt' im Sternenschein
Fort müssen ziehn allein.

Der Regen heißt mich bleiben,
Sie kann mich nicht vertreiben;
Und wie ihr Auge spricht,
Vertreibt sie auch mich nicht.

49.

Du bist die Rose meiner Liebe,
Die Ros' auf meines Herzens Flur.
Es waren andre Blumentriebe
Vorahnung meiner Rose nur.
Es kam der Flor, daß er zerstiebe,
Verschwinden mußte jede Spur,
Daß Raum für meine Rose bliebe,
Die mir zu bleiben ewig schwur.

50.

Ein Strom der Liebe ging
Aus meiner Liebsten Herzen,
Den ich in meins empfing
Herüber ohne Schmerzen;

Der, wie er meine Brust
Durchflutet und durchzogen,
Zurück in stiller Lust
Ergoß in Sie sein Wogen.

Sie fühlte, wie ich tief
In ihrem Frieden ruhte;
Ich fühlte, wie sie schlief,
An meinem stillen Blute.

Wir sahn uns an dazu,
Verwundert, wie auf Erden
Solch eine Himmelsruh'
Mag zweien Herzen werden.

51.

Ich hätte deine Schwester
Zu heißen mich begnügt,
Du hast die Bande fester
Um mich als Braut gefügt.

Wenn du sie wieder rissest,
Ich trüge nicht den Schmerz;
Ja Liebster, daß du's wissest,
Das bräche mir das Herz.

Ich konnt' ein Glück entbehren,
Als ich es nicht gekannt;
Nun muß es ewig währen,
Da ich's in dir empfand.

Ich bin nicht mehr die meine,
Seit ich in dich ging ein;
Und sein muß ich die deine,
Wenn ich soll irgend sein.

52.

O Gott, wie dank' ich dir,
Daß du mir gabst das Leben,
Da du die Liebe mir
Nun hast dazu gegeben.

Das ew'ge Morgenrot
Ist in mir aufgegangen;
Ich brauche nicht vor'm Tod,
Vor'm Leben nicht, zu bangen.

Du bist im Leben mein,
Und mein im Tod geblieben.
Ich sah, wie Gott uns ein
Hat in sein Buch geschrieben.

53.

Hier, Geliebte, nimm es wieder,
Was von Schulter und Gewand,
Süßen Raub der süßen Glieder,
Ich dir spielend einst entwand.

Nimm den Tand zurück mit Schweigen,
Er ist mir nicht weiter nutz.
Nun du selber bist mein eigen,
Wozu braucht' ich deinen Putz?

54.

Von Cyanen laß den linden
Kranz dir winden,
Von Cyanen laß den rechten
Kranz dir flechten.

Schön mit deinen dunklen Haaren
Wird das dunkle Blau sich paaren.
Ceres selbst im Götterschimmer
Kränzt mit anderm Schmuck sich nimmer.

Du bist meines Lebens Ceres;
Ohne dich, mein Sein, was wär' es?
Dorn und Distel würden stehen,
Wo jetzt goldne Saaten wehen.

Du bist meine Segens-Ernte,
Meine blumenmilddurchsternte.
Deine Lieb' ist meine Garbe,
Daß mein Herz nicht Nahrung darbe.

Ewig sich von deinen Ähren
Müssen meine Wünsche nähren,
Und mit deiner stillen Blüte
Muß sich schmücken mein Gemüte.

Blaue Blüte, Bild der Treue,
Blauer als des Himmels Bläue,
Dich, mir ewig treu geblieben,
Müss' ich ewig, ewig lieben.

55.

Sie sagen wohl, ein Kuß sei Scherz,
Sie sagen wohl, ein Kuß sei Spiel.
O wie ein Kuß mir fiel auf's Herz,
O wie ein Kuß auf's Herz mir fiel!

Ich küsse nicht zum Scherze dich,
Ich küsse dich aus vollem Ernst.
Und wenn du anders küssest mich,
So bitt' ich, daß du's besser lernst.

Ich sage dir mit diesem Kuß,
Daß ich die deine bin und bleib',
Ich sage dir, daß ewig muß
Ich mich bekennen als dein Weib.

Du hast dasselbe mir gesagt,
Du liebst im Ernst und nicht im Scherz.
Und wenn mein Mund dich zweifelnd fragt,
So küss' es wieder mir in's Herz.

56.

Gott! wie aus schwachen Weibes Brust
Sich ein Gefühl kann heben,
So stark und freudig, kraftbewußt,
Umfassend alles Leben,

Ein Held, der alles setzet an
Den einzigen Gedanken!
Du setzest an den einz'gen Mann
Dein Alles ohne Schwanken.

Wie du, die edle Thrän' im Blick,
Mich hieltest fest umwunden,
Hast Leben, Erd' und Weltgeschick
Du glorreich überwunden.

57.

Endlich hab' ich das errungen,
Liebster! es zu fühlen ganz,
Daß dich eben so durchdrungen
Hat, wie mich, der Gottesglanz.

Den Gedanken mußt' ich wälzen,
(War es Demut, war es Stolz?)
Ob du so mir könntest schmelzen,
Wie dir meine Seele schmolz.

Doch nun fühl' ich, dir gehör' ich
Mehr nicht, als du mir gehörst,
Und dir nichts im Herzen schwör' ich,
Was du nicht entgegenschwörst.

Ob du Tagelang mich meidest,
Ob du nicht ein Wort mir giebst,
Ob du ohne Kuß mir scheidest,
Fühl' ich doch, daß du mich liebst.

Jetzo kann ich in die Ferne
Ruhig, Freund, dich ziehen sehn,
Und du bleibst gleich einem Sterne
Fest an meinem Himmel stehn.

58.

Wo zwei in Liebe weiden,
Ein Paradies ist das;
Und da wo sie sich scheiden,
Da welket Laub und Gras.

Wie könnt' ich nun im Frieden
Des Paradieses ruhn!
Daß ich daraus geschieden,
Wer zwang mich, das zu thun?

Das that mein eigner Wille,
Auf den die Sünde fällt,
Der trieb mich aus der Stille
Des Himmels in die Welt.

Mich trieb nicht fort die Liebe,
Die liebt mich immer noch;
Sie wünschte, daß ich bliebe,
Und ließ mich von sich doch.

Mein Stolz will nicht erlauben,
Sie reuig anzuflehn;
Und sie will mir's nicht rauben,
Nach meiner Lust zu gehn.

Sie weiß es wohl im Herzen,
Ich muß zu ihr zurück;
Es zieht das Band der Schmerzen
Mich heim zu meinem Glück.

Hier beugt mein Stolz sich nieder,
Nun öffne deine Brust,
Und laß mich wohnen wieder
In meiner Liebeslust.

59.

Dort wo der Morgenstern hergeht,
Und wo der Morgenwind herweht,
Dort wohnt, nach der mein Herz hinfleht.

Der Aufgang meiner Liebesnot
Sie, meiner Hoffnung Freudenrot,
Mein süßes Leben, süßer Tod.

Es reicht dahin kein Blick von mir,
Doch an des Himmels lichter Zier
Seh' ich den Widerschein von ihr.

Das Morgenrot ist angefacht,
Weil sie vom Schlummer aufgewacht
Und hell den Himmel angelacht.

Die Luft des Aufgangs ist ihr Gruß,
Die Morgensonn' ihr Liebeskuß,
Der mir das Herz erschließen muß.

Sich drehn um's Haus, allwo sie wohnt,
Die Sonn' am Tag und Nachts der Mond,
Und sind, so oft sie blickt, belohnt.

Die Himmel drehn um Liebe sich,
Und Liebe dreht sich nur um dich,
Und zu dir liebend wend' ich mich.

Du leuchtend über Berg und Thal,
Von Haupt zu Füßen allzumal,
Von Huld ein einz'ger Himmelstrahl!

Du meiner Freuden Rosenau,
Dir schmeichle Lenz mit Lüften lau,
Der Morgen dir mit Perlentau.

Sei ewig wie der Morgen jung,
Begrüßt als wie der Sonne Schwung,
Von aller Augen Huldigung.

Soviel im Grünen Blumen blühn,
Soviel im Blauen Sterne glühn,
Sind lauter Funken, die dir sprühn.

Im Meer, soviel sind Wogen drin,
Soviel sind Wünsch' in meinem Sinn,
Und jeder wogt zu dir dahin.

O Lerche, wann zum Morgenthor
Vor ihren Blicken steigst empor,
Sing' ihr dies Lied von Freimund vor.

60.

Ihr Engel, die ihr tretet,
Wie Morgenlüfte lind,
Heran, wo brünstig betet
Zu Gott ein Menschenkind.

Habt ihr zur Kirch' euch nieder,
Der ländlichen, geneigt,
Wo Opferrauch der Lieder
Aus hundert Herzen steigt?

Das heil'ge Fest der Pfingsten
Versammelt dort vor'm Herrn
Die größten und geringsten
Aus Hütten nah und fern.
Ihr Engel, nehmt die Stimmen,
Und laßt den vollen Chor
Wie Blumendüfte schwimmen
Zu Gottes Thron empor.

Doch von den Stimmen eine,
Die meiner Liebsten ist,
Die nehme du alleine,
Der du ihr Engel bist;
Und leg' am Thron sie nieder.
Dort soll für mich sie flehn,
So wie hier Freimunds Lieder
Für sie zum Himmel gehn.

61.

Diesen Spiegel deiner Lieder
Nahm ich zitternd in die Hand,
Legt' ihn hin und nahm ihn wieder,
Und die Liebe überwand.

Fühl' nur meine Wangen brennen,
Ob du malest, wie du liebst!
Soll ich mich zum Bild bekennen,
Das du mir als meines giebst?

Wie du mir mich giebst zu lesen,
Bin ich's oder bin ich's nicht?
Weiß nicht, was ich sonst gewesen,
Jetzo bin ich dein Gedicht.

Magst mich immer weiter dichten
Immer reiner, himmelsrein;
Und ich will ja gern verzichten,
Etwas auf der Welt zu sein.

62.

Ich sprach: Du bist nun meine Welt.
Sie sprach: Wie ist die Welt so klein.
Ob sie auf Dauer dir gefällt?
Sie sollte, fürcht' ich, reicher sein.

Mein Freund! es wohnt in dieser Welt
Nur Liebe, Liebe, Lieb' allein;
Und wenn dich diese fest nicht hält,
So muß die Welt verloren sein.

63.

Ich hab' in deinem Auge den Strahl
Der ewigen Liebe gesehen,
Ich sah auf deinen Wangen einmal
Die Rosen des Himmels stehen.

Und wie der Strahl im Aug' erlischt,
Und wie die Rosen zerstieben,
Ihr Abglanz, ewig neu erfrischt,
Ist mir im Herzen geblieben.

Und niemals werd' ich die Wange sehn,
Und nie in's Auge dir blicken,
So werden sie mir in Rosen stehn,
Und es den Strahl mir schicken.

Nachtrag.

Zur silbernen Hochzeit 1846.
Am 26. Dezember.

So sind gegangen dir und mir
Nun fünf und zwanzig Jahr in's Land,
Seit unser Liebesfrühling hier
In seiner vollen Blüte stand!

In seiner vollen Blüte stand!
Und steht er nicht in voller noch?
O sieh, gereiht an unsrer Hand,
Die blühnden Söhn' und Töchter doch!

Wie ist Natur erfinderisch,
Nie um Ersatz umsonst bemüht!
Auf diesen Wangen blühet frisch,
Was auf den unsern abgeblüht.

Da blühet dir, da blühet mir
Der allerschönste Hochzeitkranz;
Gabst du ihn mir? gab ich ihn dir?
Gott gab uns diesen Frühlingsglanz.

Ein Frühlingsglanz und Frühlingsduft,
Der unserm Herbst und Winter bleibt,
Und der noch spät auf unsrer Gruft,
So Gott will, neue Blüten treibt.

Die Hoffnung ist ein Blütentraum,
Der Wunsch ein unzufriednes Kind,
Will pflücken jede Blüt' am Baum,
Doch manche Blüt' entführt der Wind.

Doch was auch hat ein Wind entführt,
Und was auch hat ein Sturm geraubt,
Des Lebens Kern blieb unberührt,
Der Liebe Kranz ist unentlaubt.

Bist du zufrieden wie ich bin,
Und schreckt dich nicht mein graues Haar,
So nehmen wir uns immerhin
Auf neue fünf und zwanzig Jahr.

Doch wenn ich an den letzten Gang
Soll morgen schon, so denk' ich heut',
Daß fünf und zwanzig Jahre lang
Mein Liebesfrühling mich erfreut.

Ich dank' es Gott, und dank' es dir,
Und leb' und sterb' in diesem Dank,
Daß, was von Lebenswonne hier
Mir ward, an deinem Mund ich trank.

Und jeden Liebesfrühlingsklang
Fass' ich zusammen in den Laut,
Der meinem Innersten entsprang:
Ich küsse dich als meine Braut.

Wie ich mit Nachtigallensang
Dich einst gegrüßt als Rosenbraut,
Mit diesem Silberschwanenklang
Grüß' ich dich neu als Silberbraut.

IV.

Märchen. Parabeln. Volkssagen.

Kinderlied von den grünen Sommervögeln.

Es kamen grüne Vögelein
Geflogen her vom Himmel,
Und setzten sich im Sonnenschein
In fröhlichem Gewimmel
All an des Baumes Äste,
Und saßen da so feste,
Alsob sie angewachsen sein.

Sie schaukelten in Lüften lau
Auf ihren schwanken Zweigen;
Sie aßen Licht und tranken Tau,
Und wollten auch nicht schweigen,
Sie sangen leise, leise
Auf ihre stille Weise
Von Sonnenschein und Himmelblau.

Wenn Wetternacht auf Wolken saß,
So schwirrten sie erschrocken;
Sie wurden von dem Regen naß,
Und wurden wieder trocken;

Die Tropfen rannen nieder
Vom grünenden Gefieder,
Und desto grüner wurde das.

Da kam am Tag der scharfe Strahl,
Ihr grünes Kleid zu sengen,
Und nächtlich kam der Frost einmal,
Mit Reif es zu besprengen.
Die armen Vöglein froren,
Ihr Frohsinn war verloren,
Ihr grünes Kleid ward bunt und fahl.

Da trat ein starker Mann zum Baum,
Und hub ihn an zu schütteln,
Vom obern bis zum untern Raum
Mit Schauer zu durchrütteln;
Die bunten Vöglein girrten,
Und auseinander schwirrten;
Wohin sie flogen, weiß man kaum.

Des fremden Kindes heiliger Christ.

Es läuft ein fremdes Kind
Am Abend vor Weihnachten
Durch eine Stadt geschwind,
Die Lichter zu betrachten,
Die angezündet sind.

Es steht vor jedem Haus
Und sieht die hellen Räume,
Die drinnen schaun heraus,
Die lampenvollen Bäume;
Weh wird's ihm überaus.

Das Kindlein weint und spricht:
„Ein jedes Kind hat heute
Ein Bäumchen und ein Licht,
Und hat dran seine Freude,
Nur bloß ich armes nicht.

An der Geschwister Hand
Als ich daheim gesessen,
Hat es mir auch gebrannt;
Doch hier bin ich vergessen
In diesem fremden Land.

Läßt mich denn Niemand ein?
Und gönnt mir auch ein Fleckchen?
In all den Häuserreih'n
Ist denn für mich kein Eckchen,
Und wär' es noch so klein?

Läßt mich denn Niemand ein?
Ich will ja selbst nichts haben,
Ich will ja nur am Schein
Der fremden Weihnachtsgaben
Mich laben ganz allein."

Es klopft an Thür' und Thor,
An Fenster und an Laden;
Doch Niemand tritt hervor,
Das Kindlein einzuladen,
Sie haben drin kein Ohr.

Ein jeder Vater lenkt
Den Sinn auf seine Kinder;
Die Mutter sie beschenkt,
Denkt sonst nichts mehr noch minder;
An's Kindlein Niemand denkt.

„O, lieber heil'ger Christ!
Nicht Mutter und nicht Vater
Hab' ich, wenn du's nicht bist;
O, sei du mein Berater,
Weil man mich hier vergißt!"

Das Kindlein reibt die Hand,
Sie ist von Frost erstarret;
Es kriecht in sein Gewand,
Und in dem Gäßlein harret,
Den Blick hinaus gewandt.

Da kommt mit einem Licht
Durch's Gäßlein hergewallet,
Im weißen Kleide schlicht
Ein ander Kind; — wie schallet
Es lieblich, da es spricht:

„Ich bin der heil'ge Christ,
War auch ein Kind vordessen,
Wie du ein Kindlein bist;
Ich will dich nicht vergessen,
Wenn alles dich vergißt.

Ich bin mit meinem Wort
Bei allen gleichermaßen;
Ich biete meinen Hort
So gut hier auf den Straßen
Wie in den Zimmern dort.

Ich will dir deinen Baum,
Fremd Kind, hier lassen schimmern
Auf diesem offnen Raum,
So schön, daß die in Zimmern
So schön sein sollen kaum."

Da deutet mit der Hand
Christkindlein auf zum Himmel,
Und droben leuchtend stand
Ein Baum voll Sterngewimmel
Vielästig ausgespannt.

So fern und doch so nah,
Wie funkelten die Kerzen!
Wie ward dem Kindlein da,
Dem fremden, still zu Herzen,
Das seinen Christbaum sah!

Es ward ihm wie ein Traum;
Da langten hergebogen
Englein herab vom Baum
Zum Kindlein, das sie zogen
Hinauf zum lichten Raum.

Das fremde Kindlein ist
Zur Heimat nun gekehret,
Bei seinem heil'gen Christ;
Und was hier wird bescheret,
Es dorten leicht vergißt.

Märchen.

Ich weiß ein schönes Märchen.
Es war ein schönes Pärchen,
Hieß Hänselchen und Klärchen,
Die pflückten Blum' und Ährchen,
Und aßen reife Beerchen.
Das Klärchen hatt' ein Härchen,
Das Hänselchen ein Scheerchen;
Das war ein goldnes Härchen,
Und das ein silbern Scheerchen.
Das Hänselchen nahm Klärchen,
Schnitt mit dem Silberscheerchen
Ihr in das goldne Härchen;
Da ging das goldne Härchen
Entzwei am Silberscheerchen;
Da ging das Silberscheerchen
Entzwei am goldnen Härchen.
Da weinte laut das Klärchen
Um ihr verlornes Härchen,
Und Hänschen mit dem Klärchen
Um sein zerbrochnes Scheerchen;
Laut weinete das Pärchen
Um Härchen und um Scheerchen
Gar viele, viele Zährchen.

Laut weinten Blum' und Ährchen
Und alle reifen Beerchen,
Zusammen mit dem Pärchen
Um Härchen und um Scheerchen.
Da saß im Busch ein Stärchen,
Das sah die vielen Zährchen,
Da sprach das kluge Stärchen:
Was weint ihr denn, ihr Närrchen?
Das Härchen und das Scheerchen,
Die Zährchen und die Ährchen,
Die Beerchen, und du Pärchen,
Und ich dazu, das Stärchen,
Sind alles nur ein Märchen.

Fünf Märlein zum Einschläfern für mein Schwesterlein.

Vom Büblein, das überall mitgenommen hat sein wollen.

Denk' an! das Büblein ist einmal
Spazieren gangen im Wiesenthal;
Da wurd's müd' gar sehr,
Und sagt: Ich kann nicht mehr;
Wenn nur was käme
Und mich mitnähme!

Da ist das Bächlein geflossen kommen,
Und hat's Büblein mitgenommen;
Das Büblein hat sich auf's Bächlein gesetzt,
Und hat gesagt: So gefällt mir's jetzt.

Aber was meinst du? Das Bächlein war kalt,
Das hat das Büblein gespürt gar bald;
Es hat's gefroren gar sehr,
Es sagt: Ich kann nicht mehr;
Wenn nur was käme
Und mich mitnähme!

Da ist das Schifflein geschwommen kommen,
Und hat's Büblein mitgenommen;
Das Büblein hat sich auf's Schifflein gesetzt,
Und hat gesagt: Da gefällt mir's jetzt.

Aber siehst du? Das Schifflein war schmal,
Das Büblein denkt: Da fall' ich einmal;
Da fürcht' es sich gar sehr,
Und sagt: Ich mag nicht mehr;
Wenn nur was käme
Und mich mitnähme!

Da ist die Schnecke gekrochen gekommen,
Und hat's Büblein mitgenommen;
Das Büblein hat sich in's Schneckenhäuslein gesetzt,
Und hat gesagt: Da gefällt mir's jetzt.

Aber denk'! die Schnecke war kein Gaul,
Sie war im Kriechen gar zu faul;
Dem Büblein ging's langsam zu sehr;
Es sagt: Ich mag nicht mehr;
Wenn nur was käme
Und mich mitnähme!

Da ist der Reuter geritten gekommen,
Der hat's Büblein mitgenommen;
Das Büblein hat sich hinten auf's Pferd gesetzt,
Und hat gesagt: So gefällt mir's jetzt.

Aber gieb Acht! das ging wie der Wind,
Es ging dem Büblein gar zu geschwind;
Es hopft drauf hin und her,
Und schreit: Ich kann nicht mehr;
Wenn nur was käme
Und mich mitnähme!

Da ist ein Baum ihm in's Haar gekommen,
Und hat das Büblein mitgenommen;
Er hat's gehängt an einen Ast gar hoch,
Dort hängt das Büblein und zappelt noch.

Das Kind fragt:
Ist denn das Büblein gestorben?

Antwort:
Nein! es zappelt ja noch!
Morgen gehn wir 'naus und thun's 'runter.

Vom Bäumlein, das andere Blätter hat gewollt.

Es ist ein Bäumlein gestanden im Wald,
In gutem und schlechtem Wetter;
Das hat von unten bis oben
Nur Nadeln gehabt statt Blätter;
Die Nadeln, die haben gestochen,
Das Bäumlein, das hat gesprochen:

Alle meine Kameraden
Haben schöne Blätter an,
Und ich habe nur Nadeln,
Niemand rührt mich an;
Dürft' ich wünschen, wie ich wollt',
Wünscht' ich mir Blätter von lauter Gold.

Wie's Nacht ist, schläft das Bäumlein ein,
Und früh ist's aufgewacht;
Da hatt' es goldene Blätter fein,
Das war eine Pracht!
Das Bäumlein spricht: Nun bin ich stolz;
Goldne Blätter hat kein Baum im Holz.

Aber wie es Abend ward,
Ging der Jude durch den Wald,
Mit großem Sack und großem Bart,
Der sieht die goldnen Blätter bald;
Er steckt sie ein, geht eilends fort,
Und läßt das leere Bäumlein dort.

Das Bäumlein spricht mit Grämen:
Die goldnen Blättlein dauern mich;
Ich muß vor den andern mich schämen,
Sie tragen so schönes Laub an sich;
Dürft' ich mir wünschen noch etwas,
So wünscht' ich mir Blätter von hellem Glas.

Da schlief das Bäumlein wieder ein,
Und früh ist's wieder aufgewacht;
Da hatt' es glasene Blätter fein,
Das war eine Pracht!
Das Bäumlein spricht: Nun bin ich froh;
Kein Baum im Walde glitzert so.

Da kam ein großer Wirbelwind
Mit einem argen Wetter,
Der fährt durch alle Bäume geschwind,
Und kommt an die glasenen Blätter;
Da lagen die Blätter von Glase
Zerbrochen in dem Grase.

Das Bäumlein spricht mit Trauern:
Mein Glas liegt in dem Staub,
Die andern Bäume dauern
Mit ihrem grünen Laub;
Wenn ich mir noch was wünschen soll,
Wünsch' ich mir grüne Blätter wol.

Da schlief das Bäumlein wieder ein,
Und wieder früh ist's aufgewacht;
Da hatt' es grüne Blätter fein.
Das Bäumlein lacht,
Und spricht: Nun hab' ich doch Blätter auch,
Daß ich mich nicht zu schämen brauch'.

Da kommt mit vollem Euter
Die alte Geiß gesprungen;
Sie sucht sich Gras und Kräuter
Für ihre Jungen;
Sie sieht das Laub, und fragt nicht viel,
Sie frißt es ab mit Stumpf und Stiel.

Da war das Bäumlein wieder leer,
Es sprach nun zu sich selber:
Ich begehre nun keine Blätter mehr,
Weder grüner, noch roter, noch gelber!
Hätt' ich nur meine Nadeln,
Ich wollte sie nicht tadeln.

Und traurig schlief das Bäumlein ein,
Und traurig ist es aufgewacht;
Da besieht es sich im Sonnenschein,
Und lacht, und lacht!
Alle Bäume lachen's aus;
Das Bäumlein macht sich aber nichts draus.

Warum hat's Bäumlein denn gelacht,
Und warum denn seine Kameraden?
Es hat bekommen in einer Nacht
Wieder alle seine Nadeln,
Daß jedermann es sehen kann;
Geh 'naus, sieh's selbst, doch rühr's nicht an.
Warum denn nicht?
Weil's sticht.

Vom Bäumlein, das spazieren ging.

Das Bäumlein stand im Wald,
In gutem Aufenthalt;
Da standen Busch und Strauch
Und andre Bäumlein auch;
Die standen dicht und enge,
Es war ein rechts Gedränge;
Das Bäumlein mußt' sich bücken
Und sich zusammen drücken;
Da hat das Bäumlein gedacht,
Und mit sich ausgemacht:
Hier mag ich nicht mehr stehn,
Ich will wo anders gehn,
Und mir ein Örtlein suchen,
Wo weder Birk' noch Buchen,
Wo weder Tann' noch Eichen,
Und gar nichts desgleichen;
Da will ich allein mich pflanzen
Und tanzen.

Das Bäumlein das geht nun fort,
Und kommt an einen Ort,
In ein Wiesenland,
Wo nie ein Bäumlein stand;
Da hat sich's hingepflanzt,
Und hat getanzt.

Dem Bäumlein hat's vor allen
An dem Örtlein gefallen;
Ein gar schöner Bronnen
Kam zum Bäumlein geronnen;
War's dem Bäumlein zu heiß,
Kühlt's Brünnlein seinen Schweiß.
Schönes Sonnenlicht
War ihm auch zugericht;
War's dem Bäumlein zu kalt,
Wärmt die Sonn' es bald.
Auch ein guter Wind
War ihm hold gesinnt,
Der half mit seinem Blasen
Ihm tanzen auf dem Rasen.

Das Bäumlein tanzt' und sprang
Den ganzen Sommer lang;
Bis es vor lauter Tanz
Hat verloren den Kranz.
Der Kranz mit den Blättlein allen
Ist ihm vom Kopf gefallen;
Die Blättlein lagen umher,
Das Bäumlein hat keines mehr;
Die einen lagen im Bronnen,
Die andern in der Sonnen,

Die andern Blättlein geschwind
Flogen umher im Wind.

Wie's Herbst nun war und kalt,
Da fror's das Bäumlein bald;
Es rief zum Brunnen nieder:
Gieb meine Blättlein mir wieder,
Damit ich doch ein Kleid
Habe zur Winterszeit.
Das Brünnlein sprach: Ich kann eben
Die Blättlein dir nicht geben;
Ich habe sie alle getrunken,
Sie sind in mich versunken.

Da kehrte von dem Bronnen
Das Bäumlein sich zur Sonnen:
Gieb mir die Blättlein wieder,
Es friert mich an die Glieder.
Die Sonne sprach: Nun eben
Kann ich sie dir nicht geben;
Die Blättlein sind längst verbrannt
In meiner heißen Hand.

Da sprach das Bäumlein geschwind
Zum Wind:
Gieb mir die Blättlein wieder,
Sonst fall' ich tot darnieder.
Der Wind sprach: Ich eben
Kann dir die Blättlein nicht geben;
Ich hab' sie über den Hügel
Geweht mit meinem Flügel.
Da sprach das Bäumlein ganz still:
Nun weiß ich, was ich will;

Da haußen ist mir's zu kalt,
Ich geh' in meinen Wald,
Da will ich unter die Hecken
Und Bäume mich verstecken.

Da macht sich's Bäumlein auf,
Und kommt im vollen Lauf
Zum Wald zurück gelaufen,
Und will sich stell'n in den Haufen.
'S fragt gleich beim ersten Baum:
Hast du keinen Raum?
Der sagt: Ich habe keinen!
Da fragt das Bäumlein noch einen,
Der hat wieder keinen;
Da fragt das Bäumlein noch einen:
Es fragt von Baum zu Baum,
Aber kein einz'ger hat Raum.
Sie standen schon im Sommer
Eng in ihrer Kammer;
Jetzt im kalten Winter
Stehn sie noch enger dahinter.
Dem Bäumchen kann nichts frommen,
Es kann nicht unterkommen.

Da geht es traurig weiter,
Und friert, denn es hat keine Kleider;
Da kommt mittlerweile
Ein Mann mit einem Beile,
Der reibt die Hände sehr,
Thut auch, als ob's ihn frör'.
Da denkt das Bäumlein wacker:
Das ist ein Holzhacker;

Der kann den besten Trost
Mir geben für meinen Frost.

Das Bäumlein spricht schnell
Zum Holzhacker: Gesell,
Dich friert's so sehr wie mich,
Und mich so sehr wie dich.
Vielleicht kannst du mir
Helfen und ich dir.
Komm, hau' mich um,
Und trag' mich in deine Stub'n,
Schür' ein Feuer an
Und leg' mich dran;
So wärmst du mich
Und ich dich.

Das däucht dem Holzhacker nicht schlecht,
Er nimmt sein Beil zurecht;
Haut's Bäumlein in die Wurzel,
Umfällt's mit Gepurzel;
Nun hackt er's klein und kraus,
Und trägt das Holz nach Haus,
Und legt von Zeit zu Zeit
In den Ofen ein Scheit.

Das größte Scheit von allen
Ist uns für's Haus gefallen;
Das soll die Magd uns holen,
So legen wir's auf die Kohlen;
Das soll die ganze Wochen
Uns unsre Suppen kochen.

Oder willst du lieber Brei?
Das ist mir einerlei.

Der Spielmann.

Der Spielmann stimmt seine Geigen,
Und spricht zu ihr:
Du sollst dein Kunststück zeigen,
Komm, geh' mit mir!
Der Spielmann geht mit ihr vor ein Schloß;
'S ist Nacht, der Spielmann fidelt drauf los.
Der Spielmann sagt: 'S ist nicht genug,
Ich muß fideln noch einen Zug.

Vor dem Schloß ist ein Garten,
Mit Bäum' und Pflanzen;
Die können die Zeit nicht erwarten
Zu tanzen.
Der Spielmann fidelt vor dem Schloß,
Die Bäume tanzen alle drauf los.
Der Spielmann spricht: 'S ist nicht genug,
Ich muß fideln noch einen Zug.

Im Garten ist ein Weiher,
Darin sind Fisch';
Die hören auch das Geleier,
Und tanzen frisch.
Der Spielmann fidelt vor dem Schloß,
Die Bäum' und die Fische tanzen drauf los.
Der Spielmann spricht: 'S ist noch nicht genug,
Ich muß fideln noch einen Zug.

Im Schlosse drin sind Mäuse,
Der Spielmann spielt auf,
Die Mäuse hören leise,
Sie wachen auf.
Der Spielmann fidelt vor dem Schloß;
Bäume, Fisch' und Mäuse tanzen drauf los.
Der Spielmann spricht: 'S ist noch nicht genug,
Ich muß fideln noch einen Zug.

Im Schloß sind Tisch' und Bänke,
Die werden wach,
Sie kommen aus dem Gelenke,
Und tanzen nach.
Der Spielmann fidelt vor dem Schloß;
Bäume, Fische, Mäuse, Bänke tanzen drauf los,
Der Spielmann spricht: 'S ist noch nicht genug,
Ich muß fideln noch einen Zug.

Sind denn keine Menschen vorhanden?
Der Spielmann spricht:
Ich spiele mich schier zu Schanden,
Sie hören nicht.
Bäume, Fische, Mäuse, Bänke tanzen drauf los;
Wollen die Menschen nicht aus dem Schloß?
Der Spielmann spricht: 'S ist noch nicht genug,
Ich muß fideln noch einen Zug.

Da wird das Schloß auf einmal ganz
Lebendig,
Es stellt sich auf die Spitz', und tanzt
Unbändig.

Der Spielmann spielt, es tanzt das Schloß,
Die Menschen schlafen noch immer drauf los.
Der Spielmann spricht: 'S ist noch nicht genug,
Ich muß fideln noch einen Zug.

Da tanzt das Schloß, bis in Stücken es geht
Mit Krachen;
Nun hören es endlich die Menschen im Bett,
Und erwachen;
Sie hören den Spielmann spielen vor'm Schloß,
Und tanzen nun auch mit dem andern Troß.
Der Spielmann spricht: Nun ist es genug;
Doch will ich fideln noch einen Zug.

Warum denn noch einen?
Wegen des Männleins in der Gans.
Muß das auch an den Tanz?
Wird gleich erscheinen.

Das Männlein in der Gans.

Das Männlein ging spazieren einmal
Auf dem Dach, ei seht doch!
Das Männlein ist hurtig, das Dach ist schmal,
Gieb Acht, es fällt noch.
Eh' sich's versieht, fällt's vom Dach herunter,
Und bricht den Hals nicht, das ist ein Wunder.

Unter dem Dach steht ein Wasserzuber,
Hineinfällt's nicht schlecht;
Da wird es naß über und über,
Ei, das geschieht ihm recht.

Da kommt die Gans gelaufen,
Die wird's Männlein saufen.

Die Gans hat's Männlein 'nuntergeschluckt,
Sie hat einen guten Magen;
Aber das Männlein hat sie doch gedruckt,
Das wollt' ich sagen.
Da schreit die Gans ganz jämmerlich;
Das ist der Köchin ärgerlich.

Die Köchin wetzt das Messer,
Sonst schneidt's ja nicht:
Die Gans schreit so, es ist nicht besser,
Als daß man sie sticht;
Wir wollen sie nehmen und schlachten
Zum Braten auf Weihnachten.

Sie rupft die Gans und nimmt sie aus
Und brät sie,
Aber das Männlein darf nicht 'raus,
Versteht sich.
Die Gans wird eben gebraten;
Was kann's dem Männlein schaden?

Weihnachten kommt die Gans auf den Tisch
Im Pfännlein;
Der Vater thut sie 'raus und zerschneidt sie frisch.
Und das Männlein?
Wie die Gans ist zerschnitten,
Kriecht's Männlein aus der Mitten.

Da springt der Vater vom Tisch auf,
Da wird der Stuhl leer;
Da setzt das Männlein sich drauf,
Und macht sich über die Gans her.
Es sagt: Du hast mich gefressen,
Jetzt will ich dafür dich essen.

Da ißt das Männlein gewaltig drauf los,
Als wären's seiner sieben;
Da essen wir alle dem Männlein zum Trotz,
Da ist nichts über geblieben
Von der ganzen Gans als ein Tätzlein,
Das kriegen dort hinten die Kätzlein.

Nichts kriegt die Maus,
Das Märlein ist aus.
Was ist denn das?
Ein Weihnachts-Spaß;
Auf's Neujahr lernst
Du, was?
Den Ernst.

Die Rätsel der Elfen.

Die Elfen sitzen im Felsenschacht,
Vertreiben mit Reden die lange Nacht.

Sie legen sich lustige Rätsel vor,
Die, wenn sie nicht Gold sind, doch klingen im Ohr.

Und wie ein Windzug dazwischen geht,
So sind samt den Elfen die Rätsel verweht. —

Welch Gold entstammt dem Erdschacht nicht?
Ich hörte von goldenem Sonnenlicht.

Wer borgt sein Silber von fremdem Gold?
Der Mond, der ob unseren Häuptern rollt.

Wo quillt die Thrän' aus härtester Brust?
Der Quell im Fels ist mir wohl bewußt.

Wo strömt ein Strom, da kein Strombett ist?
Der Regenstrom, der in Lüften fließt.

Wo ist auf dem Fluß die breiteste Brück'?
Das Eis ist gebaut aus Einem Stück.

Die Flut, die im stätesten Takt sich bewegt?
Das Blut, das im Herzen des Menschen schlägt.

Wer trauert in seinem buntesten Kleid?
Das ist der Baum zu des Herbstes Zeit.

Wer hat tausend Augen und sieht sich nicht?
Der Strauch, der sie treibet und weiß es nicht.

Wer sah nie von innen sein eignes Haus?
Die Schnecke, und kommt doch niemals heraus.

Wo hat man den Kleinsten zum König gemacht?
Der Zaunkönig wird ausgelacht.

Wo tritt der Schwache den Starken nieder?
Den Erdboden des Menschen Glieder.

Was ist stärker als der Erdengrund?
Das Eisen, denn es macht ihn wund.

Was ist stärker als Eisen und Stahl?
Das Feuer schmelzt sie allzumal.

Was ist stärker als Feuersglut?
Die feuerlöschende Wasserflut.

Was ist stärker als Flut im Meer?
Der Wind, der sie treibt hin und her.

Und was ist stärker als Wind und Luft?
Der Donner; sie zittern, wenn er ruft.

Wer ist mächtiger als der Tod?
Wer da kann lachen, wenn er droht.

Und wer, wenn die Erde bebt, kann stehn?
Wer nicht fürchtet unterzugehn.

Warum fließt das Wasser den Berg nicht hinauf?
Weil's bergunter hat leichtern Lauf.

Warum trägt Kürbse der Eichbaum nicht?
Daß sie dir nicht fallen auf's Angesicht.

Wozu hat der Gaul vier Füße empfahn?
Damit er mit vieren stolpern kann.

Und warum sind die Fische stumm?
Weil sie sonst würden reden dumm.

Wer löset alle Rätsel auf?
Wer immer was weiß, das sich reimet drauf.

Und warum schweig' ich jetzo still?
Weil ich nichts weiter hören will.

Nächtlicher Gang.

Die Fahnen flattern
Im Mitternachtsturm;
Die Schiefern knattern
Am Kirchenturm;
Ein Windzug zischt,
Die Latern' verlischt —
Es muß doch zur Liebsten gehn!

Die Totenkapell'
Mit dem Knochenhaus;
Der Mond guckt hell
Zum Fenster heraus;
Haußen jeder Tritt
Geht drinnen auch mit —
Es muß doch zur Liebsten gehn!

Der Judengottsacker
Am Berg dort herab;
Ein weißes Geflacker
Auf jedem Grab;
Ein Uhu ruft
Den andern: Schuft —
Es muß doch zur Liebsten gehn!

Drüben am Bach
Auf dem Wintereis,
Ein Geplatz, ein Gekrach,
Als ging dort, wer weiß;
Jetzt wieder ganz still;
Laß sein, was will —
Es muß doch zur Liebsten gehn!

Am Pachthof vorbei;
Aus dem Hundehaus
Fahren kohlschwarz zwei
Statt des einen heraus,
Gähnen mich an
Mit glührotem Zahn —
Es muß doch zur Liebsten gehn!

Dort vor dem Fenster,
Dahinter sie ruht,
Stehn zwei Gespenster
Und halten die Hut;
Drin schläft die Braut,
Ächzt im Traume laut —
Es muß doch zur Liebsten gehn!

Die Espe.

Als den Herrn an's Kreuz geschlagen
Nun des Feldes Bäume sahn,
Kam ein Zittern und ein Zagen
Allen fernen, allen nah'n.
Nur der Espe Krone
Ließ die Blätter ohne
Leben in die Lüfte ragen,
Gleich als ging sie das nicht an.

Damals ward der Fluch gesprochen,
Und ihn hörte Berg und Kluft:
Daß dir sei dein Stolz gebrochen,
Zittre künftig jeder Luft!

Andre Bäume zittern
Nur in Ungewittern,
Zitternd soll das Herz dir pochen,
Wenn im Wald ein Vogel ruft.

Zittre, wo im Erdenkreise
Künftig du entkeimst dem Staub!
Jedes Blatt soll zittern leise,
Bis es wird des Herbstwinds Raub.
Und in allen Tagen
Soll man hören sagen
Dir zur Strafe sprichwortweise:
Zittern wie ein Espenlaub!

Die Kreuzschnäbel.

Als unser Herr nun war an's Kreuz geschlagen,
Erhoben alle Vögel Wehgeschrei,
Nicht helfen konnten sie mit ihren Klagen,
Da blieben stumm allein von allen zwei;
Mit ihren Schnäbeln
Als wie mit Hebeln
Sie wollten lieber wagen,
Ob auszuziehn die Nägel möglich sei.

Sie haben nicht die Nägel ausgezogen,
Doch weil sie treulich sich bemüht am Kreuz,
Sind sie vondannen hochbelohnt geflogen
Und ausgezeichnet von dem Herrn am Kreuz;

Denn wie sie hackten,
Die Nägel packten,
Sich ihre Schnäbel bogen,
Und stehn nun krumm, gewachsen über's Kreuz.

Kreuzschnäbel heißen sie davon, lieb Ännchen,
Die wunderbarsten flüglichten Geschlechts;
Gekrümmet steht der Schnabel links dem Männchen,
Dem Weibchen steht gekrümmt der Schnabel rechts.
Sieh wie sie hüpfen,
Sieh wie sie schlüpfen
Dort oben auf dem Tännchen
Durch das Gehäng' des nadlichten Geflechts!

Die andern Vögel haben all' erkoren
Sogleich um Ostern ihre Brütezeit;
Sie aber sind dann ganz in Gram verloren,
Und all ihr Sinnen ist dem Kreuz geweiht.
Doch um Weihnachten,
Wann sie bedachten,
Daß Er nun wird geboren,
Da sind ihr Nestlein sie zu baun bereit.

Sie baun es unter'm frostigsten der Winde,
Der niemals ihre Gluten überwand;
Und ihren Jungen ist's im Nest gelinde,
Wenn ungelind es friert im ganzen Land.
Doch wo sie brüten?
Gott muß sie hüten,
So daß ich, der ich finde
Die Nester alle, nie doch ihres fand.

Die verzauberte Jungfrau.

Die Jungfrau, die verzaubert dort
Sitzt in der Höhle Grunde,
Hat auf Erlösung fort und fort
Gewartet bis zur Stunde;
Wer sich an die Erlösung wagt,
Muß einen Kuß nur unverzagt
Aufdrücken ihrem Munde.

Allein beim Küssen ziert sie sich,
Und gar nicht hold jungfräulich,
Verwandelnd umgebiert sie sich
In viel Gestalten gräulich,
Daß nur ein unerschrockner Mann
Es ansehn und sie küssen kann,
Wie sie sich stellt abscheulich.

Da war ein Schneider jung und keck,
Der kühnste Mann auf Erden,
Dem saß das Herz am rechten Fleck:
Magst du dich nur gebärden!
Und was du thust und was du sagst,
Und wie du dich verwandeln magst,
Du sollst erlöset werden.

Die Jungfrau ward von Angesicht
Zum schrecklichsten der Drachen;
Der tapfre Schneider zittert nicht,
Und küßt sie auf den Rachen;
Die Jungfrau wird ein grimmer Leu,
Schon will der Schneider auch nicht scheu
Zum Kuß sich fertig machen.

Die Jungfrau wird zum Krokodill,
Er will zum Kusse schreiten;
Und wie sie sich verwandeln will,
Er wird sie doch erstreiten.
Zuletzt wird sie ein Ziegenbock,
Da rennt er über Stock und Block:
Dich mag der Teufel reiten!

Bestrafte Ungenügsamkeit.

Es war das Kloster Grabow im Lande Usedom,
Das nährte Gott vorzeiten aus seiner Gnade Strom.
Sie hätten sich sollen begnügen!

Es schwammen an der Küste, daß es die Nahrung sei
Den Mönchen in dem Kloster, jährlich zwei Fisch' herbei.
Sie hätten sich sollen begnügen!

Zwei Störe, groß gewaltig; dabei war das Gesetz,
Daß jährlich sie den einen fingen davon im Netz.
Sie hätten sich sollen begnügen!

Der andre schwamm von dannen, bis auf das andre Jahr,
Da bracht' er einen neuen Gesellen mit sich dar.
Sie hätten sich sollen begnügen!

Da fingen wieder einen sie sich für ihren Tisch;
Sie fingen regelmäßig Jahraus Jahrein den Fisch.
Sie hätten sich sollen begnügen!

Einst kamen zwei so große in einem Jahr herbei;
Schwer ward die Wahl den Mönchen, welcher zu fangen sei?
Sie hätten sich sollen begnügen!

Sie fingen alle beide; den Lohn man da erwarb,
Daß sich das ganze Kloster den Magen dran verdarb.
Sie hätten sich sollen begnügen!

Der Schaden war der kleinste, der größte kam nachher:
Es kam nun gar zum Kloster kein Fisch geschwommen mehr.
Sie hätten sich sollen begnügen!

Sie hat solange gnädig gespeiset Gottes Huld;
Daß sie nun deß sind ledig, ist ihre eigne Schuld.
Sie hätten sich sollen begnügen!

Die Riesen und die Zwerge.

Es ging die Riesentochter zu haben einen Spaß,
Herab vom hohen Schlosse, wo Vater Riese saß.
Da fand sie in dem Thale die Ochsen und den Pflug,
Dahinter auch den Bauern, der schien ihr klein genug.
Die Riesen und die Zwerge!

Pflug, Ochsen und den Bauern, es war ihr nicht zu groß,
Sie faßt's in ihre Schürze, und trug's auf's Riesenschloß.
Da fragte Vater Riese: Was hast du, Kind, gemacht?
Sie sprach: Ein schönes Spielzeug hab' ich mir hergebracht.
Die Riesen und die Zwerge!

Der Vater sah's, und sagte: Das ist nicht gut, mein Kind!
Thu' es zusammen wieder an seinen Ort geschwind.
Wenn nicht das Volk der Zwerge schafft mit dem Pflug im Thal,
So darben auf dem Berge die Riesen bei dem Mahl.
Die Riesen und die Zwerge!

Das Irrglöcklein.

Ortssage von Seßlach.

Der Tag verlischt, es senket grausend
Die Nacht vom schwarzen Himmel sich,
Und Nebelwinde streichen sausend
Durch Waldesgründe schauerlich;
Das Fräulein irrt mit bangem Schweigen
Allein auf ungebahnten Steigen.

Sie schreckt das Rauschen jedes Blattes,
Sie schreckt des eignen Fußes Tritt;
Es leuchtet aus der Luft kein mattes,
Kein bleiches Sternlein ihrem Schritt;
Sie irrt mit jedem neuen Schritte
Nur tiefer nach des Waldes Mitte.

Da drehet sich vor ihren Blicken,
Im leichten Tanz am schwarzen Moor,
Sie mit Verderben zu bestricken,
Der Waldesgeister reges Chor;
Sie lassen düstre Flammen glühen,
Um täuschend sie hinab zu ziehen.

Sie scheinen Lichter niedrer Hütten,
Sie scheinen fern, und sind ihr nah;
Sie treibt sich an mit schnellern Schritten,
Sie fliegt hinzu, schon ist sie da;
Schon ist sie da! und freudig sehen
Die Argen sie am Abgrund stehen.

Schon will sie in die Tiefe gleiten,
Da ruft sie's an aus tiefem Wald;
Ihr ist, als wenn ein fernes Läuten
Ihr rückwärts in die Ohren schallt:
Sie wendet sich halb froh halb bange,
Und horcht dem wunderbaren Klange.

Und vor dem Klang in Luft zerflogen
Sind alle Flämmlein fort im Nu;
Sie wandelt mächtig angezogen
Dem wunderbaren Klange zu;
Er führt sie weit auf Weg und Stegen,
Und endlich aus des Walds Gehegen.

Und dämmern siehet sie die Häuser
Des Weilers aus der Ferne schon;
Da klingt es leis' und immer leiser,
Und gar verklungen ist der Ton;
Schnell mit andächtiger Gebärde
Senkt betend sie das Knie zur Erde.

Sie weinet frommen Dankes Thränen,
Ihr Haupt verhüllend in's Gewand,
Den Rettern, die mit leisen Tönen
Sie riefen von des Todes Rand;
Dann will sie freudig aufwärts schauen,
Und sieht den Tag in Osten grauen.

Und sieht mit rotbestrahlten Zinnen
Auf fernem Berg ihr hohes Schloß;
Sie rafft sich auf, und eilt von hinnen
In ihres bangen Vaters Schoß.

Mit Staunen aus der Tochter Munde
Hört er die wundervolle Kunde.

Dann baut er auf derselben Stelle,
Allwo sein Kind sich wiederfand,
Ein kleines Türmlein und Kapelle,
Mit Schieferdach und Mörtelwand;
Und in des Turmes höchstem Stocke
Hängt hellen Klanges eine Glocke.

Und bei des Abends ersten Sternen
Schlägt hoch im Turm das Glöcklein an,
Durchhallt des Waldes weite Fernen,
Und ruft den irren Wandersmann;
Er folgt getrost mit sichern Schritten
Dem Rufe zu des Weilers Hütten.

Das Glöcklein hängt in der Kapelle
Dreihundert Jahr und drüber schon,
Und immer klingt es klar und helle,
Und immer heller wird sein Ton.
Es heißt zu seiner Stiftung Kunde,
Irrglöcklein bis auf diese Stunde.

Parabeln.

1.

Es ging ein Mann im Syrerland,
Führt' ein Kamel am Halfterband.
Das Tier mit grimmigen Gebärden
Urplötzlich anfing scheu zu werden,

Und thät so ganz entsetzlich schnaufen,
Der Führer vor ihm mußt' entlaufen.
Er lief und einen Brunnen sah
Von ungefähr am Wege da.
Das Tier hört er im Rücken schnauben,
Das mußt' ihm die Besinnung rauben.
Er in den Schacht des Brunnens kroch,
Er stürzte nicht, er schwebte noch.
Gewachsen war ein Brombeerstrauch
Aus des geborstnen Brunnens Bauch;
Daran der Mann sich fest thät klammern,
Und seinen Zustand drauf bejammern.
Er blickte in die Höh', und sah
Dort das Kamelhaupt furchtbar nah,
Das ihn wollt' oben fassen wieder,
Dann blickt er in den Brunnen nieder;
Da sah am Grund er einen Drachen
Aufgähnen mit entsperrtem Rachen,
Der drunten ihn verschlingen wollte,
Wenn er hinunter fallen sollte.
So schwebend in der beiden Mitte
Da sah der Arme noch das Dritte.
Wo in die Mauerspalte ging
Des Sträuchleins Wurzel, dran er hing,
Da sah er still ein Mäusepaar,
Schwarz eine, weiß die andre war.
Er sah die schwarze mit der weißen
Abwechselnd an der Wurzel beißen.
Sie nagten, zausten, gruben, wühlten,
Die Erd' ab von der Wurzel spülten;

Und wie sie rieselnd niederrann,
Der Drach' im Grund aufblickte dann,
Zu sehn, wie bald mit seiner Bürde
Der Strauch entwurzelt fallen würde.
Der Mann in Angst und Furcht und Not,
Umstellt, umlagert und umdroht,
Im Stand des jammerhaften Schwebens,
Sah sich nach Rettung um vergebens.
Und da er also um sich blickte,
Sah er ein Zweiglein, welches nickte
Vom Brombeerstrauch mit reifen Beeren;
Da konnt' er doch der Lust nicht wehren.
Er sah nicht des Kameles Wut,
Und nicht den Drachen in der Flut,
Und nicht der Mäuse Tückespiel,
Als ihm die Beer' in's Auge fiel.
Er ließ das Tier von oben rauschen,
Und unter sich den Drachen lauschen,
Und neben sich die Mäuse nagen,
Griff nach den Beerlein mit Behagen,
Sie däuchten ihm zu essen gut,
Aß Beer' auf Beerlein wohlgemut,
Und durch die Süßigkeit im Essen
War alle seine Furcht vergessen.

Du fragst: Wer ist der thöricht Mann,
Der so die Furcht vergessen kann?
So wiß, o Freund, der Mann bist du;
Vernimm die Deutung auch dazu.
Es ist der Drach' im Brunnengrund
Des Todes aufgesperrter Schlund;

Und das Kamel, das oben droht,
Es ist des Lebens Angst und Not.
Du bist's, der zwischen Tod und Leben
Am grünen Strauch der Welt mußt' schweben.
Die beiden, so die Wurzel nagen,
Dich samt den Zweigen, die dich tragen,
Zu liefern in des Todes Macht,
Die Mäuse heißen Tag und Nacht.
Es nagt die schwarze wohl verborgen
Vom Abend heimlich bis zum Morgen,
Es nagt vom Morgen bis zum Abend
Die weiße, wurzeluntergrabend.
Und zwischen diesem Graus und Wust
Lockt dich die Beere Sinnenlust,
Daß du Kamel die Lebensnot,
Daß du im Grund den Drachen Tod,
Daß du die Mäuse Tag und Nacht
Vergissest, und auf Nichts hast Acht,
Als daß du recht viel Beerlein haschest,
Aus Grabes Brunnenritzen naschest.

2.

Im Feld der König Salomon
Schlägt unter'm Himmel auf den Thron;
Da sieht er einen Sämann schreiten,
Der Körner wirft nach allen Seiten.

Was machst du da? der König spricht;
Der Boden hier trägt Ernte nicht.
Laß ab vom thörichten Beginnen;
Du wirst die Aussaat nicht gewinnen.

Der Sämann, seinen Arm gesenkt,
Unschlüssig steht er still und denkt;
Dann fährt er fort, ihn rüstig hebend,
Dem weisen König Antwort gebend:

Ich habe nichts als dieses Feld,
Geackert hab' ich's und bestellt;
Was soll ich weitre Rechnung pflegen?
Das Korn von mir, von Gott der Segen!

3.

Es ritt ein Herr, das war sein Recht,
Zu Fuße ließ er gehn den Knecht;
Er reitet über Stock und Stein,
Daß kaum der Knecht kann hinterdrein.
Der treue schleppt sich hinterher
Dem leichten Ritt, und fürchtet sehr,
Zu Falle komm' er schwer.

„Herr! Herr! erschallt des Knechtes Ruf:
Ein Nagel ging euch los vom Huf;
Und schlagt ihr nicht den Nagel ein,
So wird der Huf verloren sein.“ —
„„Ei! Nagel hin und Nagel her!
Der Huf hat ja der Nägel mehr,
Und hält noch ohngefähr.““

Und wieder schallt des Knechtes Ruf:
„Herr! losgegangen ist ein Huf;
Und schlagt ihr nicht das Eisen an,
So ist es um das Roß gethan.“ —

„„Hufeisen hin, Hufeisen her!
Das Rößlein hat Hufeisen mehr,
Und geht noch wie vorher.““

Und eh' der dritte Ruf erschallt,
Da ist er an den Stein geprallt;
Das Rößlein liegt, und steht nicht auf,
Geendet ist des Herren Lauf.
Er spricht nicht mehr: Roß hin, Roß her!
Er rafft sich auf, und schreitet schwer
Mit seinem Knecht einher.

Der betrogene Teufel.

Die Araber hatten ihr Feld bestellt,
Da kam der Teufel herbei in Eil';
Er sprach: Mir gehört die halbe Welt,
Ich will auch von euerer Ernte mein Teil.

Die Araber aber sind Füchse von Haus,
Sie sprachen: Die untere Hälfte sei dein.
Der Teufel will allzeit oben hinaus;
Nein, sprach er, es soll die obere sein.

Da bauten sie Rüben in Einem Strich;
Und als es nun an die Teilung ging,
Die Araber nahmen die Wurzeln für sich,
Der Teufel die gelben Blätter empfing.

Und als es wiederum ging in's Jahr,
Da sprach der Teufel im hellen Zorn
Nun will ich die untere Hälfte fürwahr.
Da bauten die Araber Weiz' und Korn.

Und als es wieder zur Teilung kam,
Die Araber nahmen den Ährenschnitt.
Der Teufel die leeren Stoppeln nahm,
Und heizte der Hölle Ofen damit.

Chidher.

Chidher, der ewig junge, sprach:
Ich fuhr an einer Stadt vorbei,
Ein Mann im Garten Früchte brach;
Ich fragte, seit wann die Stadt hier sei?
Er sprach, und pflückte die Früchte fort:
Die Stadt steht ewig an diesem Ort,
Und wird so stehen ewig fort.
Und aber nach fünfhundert Jahren
Kam ich desselbigen Wegs gefahren.

Da fand ich keine Spur der Stadt;
Ein einsamer Schäfer blies die Schalmei,
Die Herde weidete Laub und Blatt;
Ich fragte: Wielang' ist die Stadt vorbei?
Er sprach, und blies auf dem Rohre fort:
Das eine wächst, wenn das andre dorrt;
Das ist mein ewiger Weideort.
Und aber nach fünfhundert Jahren
Kam ich desselbigen Wegs gefahren.

Da fand ich ein Meer, das Wellen schlug,
Ein Schiffer warf die Netze frei,
Und als er ruhte vom schweren Zug,
Fragt' ich, seit wann das Meer hier sei?

Er sprach, und lachte meinem Wort:
Solang' als schäumen die Wellen dort,
Fischt man und fischt man in diesem Port.
Und aber nach fünfhundert Jahren
Kam ich desselbigen Wegs gefahren.

Da fand ich einen waldigen Raum,
Und einen Mann in der Siedelei,
Er fällte mit der Axt den Baum;
Ich fragte, wie alt der Wald hier sei?
Er sprach: Der Wald ist ein ewiger Hort;
Schon ewig wohn' ich an diesem Ort,
Und ewig wachsen die Bäum' hier fort.
Und aber nach fünfhundert Jahren
Kam ich desselbigen Wegs gefahren.

Da fand ich eine Stadt, und laut
Erschallte der Markt vom Volksgeschrei.
Ich fragte: Seit wann ist die Stadt erbaut?
Wohin ist Wald und Meer und Schalmei?
Sie schrien, und hörten nicht mein Wort:
So ging es ewig an diesem Ort,
Und wird so gehen ewig fort.
Und aber nach fünfhundert Jahren
Will ich desselbigen Weges fahren.

Das versunkene Dorf.

Es ist eine Wüstung gelegen,
Ist Abermannsdorf genannt;
Es heißt noch ein Dorf bis heute,
Aber die ältesten Leute
Haben das Dorf nicht gekannt.

Es ist verschlungen worden,
In den Erdboden hinein
Ist es worden verschlungen
Mit Alten und Jungen,
Mit Mann, Maus und Stein.

Kein Malzeichen ist blieben,
Kein Trumm und keine Spur;
Von den Häusern kein Gebälke,
Von den Mauern kein Gekälke;
'S ist ebene Wiesenflur.

Als Knab' hab' ich noch gesehen
Von der Dorflind' einen Stumpf;
Jetzt ist auch der versunken,
Es hat wie mit Armen den Strunken
Gezogen hinab in den Sumpf.

Wenn man's Ohr legt auf den Boden,
Höret man's drunten wohl,
Wie die heimlichen Wasser brausen,
Wie sie fressen mit Grausen
Den Boden unter uns hohl.

Wohl hat es auf der Erde
Das Böse weit gebracht.
Wenn sie wollt' alle Schande
Verschlingen, wer im Lande
Wär' sicher bis Mitternacht?

Der fehlende Schöppe.

Zu Ebern hält man Hochgericht
Uber Leben und Blut;
Zwölf Stühle sind zugericht'
Für die zwölf Schöppen gut.
Elfe sind gekommen,
Han ihre Stühl' eingenommen.

Der zwölfste Stuhl bleibt unberührt,
Niemand drauf sitzen darf;
Denn der Schöppe, dem er gehört,
Ist aus Abermannsdorf;
Aber Abermannsdorf ist versunken,
Sein Schöpp' hält Gericht bei den Unken.

Da reitet von den elfen
Ein Bote hinaus zu Roß,
Der den fehlenden zwölften
Herein laden muß.
Der Bot' b'hält's Roß am Zügel,
Den linken Fuß im Bügel.

Mit dem rechten Fuß dreimal
Stampft er auf den Grund,
Und den Schöppen dreimal
Ruft er mit lautem Mund:
„Zu Ebern ist Schöppengericht,
Schöppe, säume dich nicht!"

Da wird es unter der Erde laut
Von furchtbarem Getos.
Der Bot' nicht vor- noch rückwärts schaut,
Sondern springt auf sein Roß;

Und muß schnell fort sich machen,
Sonst verschlingt ihn der Erde Rachen.

Die beiden Fuhrleute.

Ortssage.

An dem Hohlwege droben,
Wo die zwei Steine stehn;
Nicht ohne Gott zu loben
Sollt ihr vorübergehn.

Nicht ohne Gott zu loben,
Und zu danken dafür,
Daß ohne Zornes Toben
Ihr wandelt in Gebühr;

Auf daß ihr nicht noch heute
So fahret in der Nacht,
Wie die beiden Fuhrleute,
Die dort sich umgebracht.

Jeder der beiden Brüder
Hat seinen eignen Lauf;
Der eine fährt hernieder,
Der andre fährt hinauf.

Der eine fuhr hernieder,
Der andre fuhr hinauf;
In der Mitte die Brüder
Hemmten einander im Lauf.

Sie konnten sich aus nicht weichen,
Der Hohlweg war zu eng;
Sie wollten es aus nicht gleichen
Als nur durch Handgemeng'.

Erst mengte jeder das Futter
Vor'm Karren seinem Roß,
Eh' er dem Sohn seiner Mutter
Begegnet als Kampfgenoß.

Gegen den andern schwenkte
Jeder zugleich den Karst,
Und das Unglück es lenkte,
Daß jedem das Haupt zerbarst.

Sie lagen tot und vergaßen
Zusammen Groll und Fracht,
Und ihre Rosse fraßen
Verträglich die ganze Nacht.

Nie war ihnen beschieden
So lange Ruh' in der Nacht,
Als da den blutigen Frieden
Ihre Treiber gemacht.

Herr Malegis.

Zu Montalbano's Felsenneste
Zog König Karl im Grimm heran,
Und hart umlagert er die Feste
Von hier und dort mit Roß und Mann.

Doch unerstiegen, unbesieget,
Trotzt sie des Königs argem Mut,
Und hoch im sichern Horte lieget
Der Haimonskinder stolzes Blut.

Die hohen Zinnen zu erklettern
Stürmt fort und fort die kecke Schar,
Doch schwere Felsentrümmer schmettern
Sie in die Tiefe immerdar.

Allein so leichten Kampf zu führen
Ist nicht der stolzen Brüder Art;
Es sprach der jüngste von den vieren,
Gelehnet auf sein Roß Bajart:

Soll ich im Hinterhalte lauern,
Mich ducken als ein feiger Mann?
Ich will hinaus aus diesen Mauern,
Wo ich mein Streitroß tummeln kann.

Der Karl, den ich nach Herzenslüsten
Schon dreimal schlug im offnen Feld,
Der soll sich nicht des Ruhmes brüsten,
Daß er mich hier gefangen hält!

Er sprach's, und wie des Herren Stimme
Bajart, daß stolze Roß, gehört,
Laut wiehert es und stampft im Grimme,
Weil es, wie er, der Schlacht begehrt.

Und schon stürmt Reinold nach den Pforten,
Und spornt sein Roß in schnellem Lauf;
Da hält mit wohlbedachten Worten
Herr Malegis den Ritter auf.

Herr Malegis, der mit dem Stabe
Der Geister weites Reich bewegt,
Die Toten auf aus ihrem Grabe,
Und Stern' aus ihren Angeln regt.

„Dich hat dein kühner Mut bethöret;
Viel tausend Speere drohen dir;
Die Freiheit, die dein Herz begehret,
O Ritter, nimmst du nur von mir.

„Bald sollst du dich zu Rosse schwingen,
Und wieder kämpfen in der Schlacht;
Heut' wird dir nicht der Sieg gelingen,
Den mir die Sterne zugedacht."

Er spricht's, und staunend an der Stelle
Läßt er ihn angewurzelt stehn;
Die Sonne taucht in's Meer und helle
Die Stern' herauf am Himmel gehn.

Da hebt die alten Zauberkünste
Herr Malegis zu üben an;
Zwei Geister nahn zu seinem Dienste,
Mit blassem Mondschein angethan.

Den blanken Wunderstab erhebend,
Ruft er Befehl den Geistern zu;
Sie beugen sich dem Stabe bebend,
Und eilen willig fort im Nu.

Und fliegen durch des Feindes Hütten,
Und streuen tiefen Schlummer aus
Und kommen mit behenden Schritten
Getreten in des Königs Haus.

Und nahn, im schmucken Dienerkleide,
Mit leisen Tritten in's Gemach,
Wo auf dem Bett von weicher Seide
Herr Karl in süßem Schlummer lag.

Und tief zur Erde sich verneigend
Sie sich des Königs Bette nahn;
Der eine steht und neigt sich schweigend,
Der andre hebt die Botschaft an:

„Der edle Reinold läßt euch grüßen —
Er trägt mit Würden euer Lehn;
Herr König laßt's euch nicht verdrießen,
Mit uns zu seinem Mahl zu gehn.

„Er hat die Braut sich heimgeführet,
Die Gäste warten schon im Saal.
Kommt, daß ihr selbst den Brautgang zieret,
Und sitzet obenan beim Mahl!"

„Wer aber wird den Weg mir zeigen?"
Ruft Karl im Wahn des Traumes aus;
Und jener spricht mit tiefem Neigen:
„Wir bringen sicher euch zum Schmaus."

Sie hüllen ihn in Gold und Seide,
Und setzen ihm auf's Haupt die Kron',
Und so in fürstlichem Geschmeide
Sie tragen ihn im Flug davon.

Sie tragen durch die Luft ihn eilig,
Wie es der Meister anbefahl,
Und setzen auf der Burg getreulich
Ihn nieder in dem Rittersaal.

„Willkommen Herr zu unserm Feste,“
Ruft Malegis dem König zu;
„Bald kommt die Schar der Hochzeitgäste,
Pflegt ihr indessen hier der Ruh'!“

Und von dem Stabe leis' berühret,
Sinkt er noch tiefer in den Traum;
Der Wundermann zum Bett ihn führet,
Und streckt ihn ruhig auf den Flaum.

Doch wie der erste Strahl der Sonnen
Zum matten Aug' des Königs dringt;
Schnell ist der schwere Traum zerronnen,
Der König auf vom Lager springt.

Er starret an die fremden Wände,
Er starrt die eignen Kleider an,
Und ahnet fast die Zauberhände,
Die solchen Schimpf ihm angethan.

Und eh' sein Staunen noch sich endet,
Hört er die Flügelthüre gehn,
Und wie er nach ihr hin sich wendet,
Sieht er die Haimonskinder stehn.

Sie treten durch die Flügelthüre
Herein in's Zimmer, Mann für Mann,
Und nahn dem König, alle viere,
Der stolze Reinold geht voran.

Ehrfürchtig nahen sich die Brüder,
Eh'r Bittenden, als Feinden gleich;
Sie beugen ihre stolzen Glieder,
Und knien vor'm König allzugleich.

Und mit emporgehobnen Händen,
Bezähmend seinen stolzen Mut,
Will Reinold sich zum König wenden,
Mit solchen Worten sanft und gut:

„O Herr und König, dir zu Füßen
Siehst du uns allzumal bereit,
Den stolzen Übermut zu büßen,
Der uns so hart mit dir entzweit.

„O laß dich unser nun erbarmen,
Und hemme deiner Rache Lauf;
Nimm uns, o Herr, zu deinen Armen
Als treue Diener wieder auf."

Er spricht's, doch eh' er noch geendet,
Hat mit entrüstetem Gesicht
Herr Karl von ihm sich abgewendet,
Und würdigt ihn der Rede nicht.

Und Reinold fleht und bittet wieder,
Bezähmend seinen stolzen Mut,
Und mit ihm bitten alle Brüder,
Und flehn mit Worten sanft und gut.

Nichts aber kann den König beugen,
Er schaut die Ritter finster an,
Und schweigt, und dann nach langem Schweigen
Er so das stolze Wort begann:

„Wo habt ihr solchen Mut genommen?
Weil durch des Zaubrers argen Streich
Ich hier in eure Macht gekommen,
Verwegne, das versichert euch?

„Doch nimmermehr soll's euch gelingen,
Durch arge List und Hochverrat,
Von König Karlen zu erzwingen,
Was er euch frei geweigert hat."

Da sprangen auf die stolzen Brüder,
Wie sie des Königs Starrsinn sahn;
Sie schauten auf und schauten nieder,
Und schauten wild einander an.

Doch wie sie standen finstern Mutes,
Da trat Herr Malegis herzu;
Er kann das Wogen ihres Blutes
Mit Worten sänftigen im Nu:

„Schlecht wird die Müh' mir wohl vergolten,
Die mir des Königs Fahrt gemacht;
Doch nicht, daß wir ihn zwingen sollten,
Hab' ich den König hergebracht.

„Drum trauet meinem Wort, ihr Brüder,
Das niemals noch als Trug erschien;
So wie er kam, so schickt ihn wieder
Und laßt ihn frei von dannen ziehn.

„Und beugt gehorsam unterthänig
Euch eurem Herren, wie ihr sollt;
Es trag' ein Roß hinab den König,
Ein edles Roß geschmückt mit Gold.

„Er wird es schnell zurück euch senden,
Aus Scheu vor meiner Zaubermacht,
Und alles wird für euch sich wenden
Zum besten, wie ich's ausgedacht."

Sie folgen zögernd seinem Worte,
Und rüsten ihm ein edles Roß;
Dem König öffnet sich die Pforte,
Schnell eilt er von der Feinde Schloß;

Und eilet zu den Seinen nieder;
Kaum aber ist der König dort,
So sendet er zur Feste wieder
Herrn Roland mit dem Rosse fort.

Und zu des Grafen Seite wallet
Auch ein Trommeter mit hinan;
Wie hell der Friedenston erschallet,
Sind schnell die Pforten aufgethan.

Doch Roland steigt vom Rosse nieder,
Und giebt die Zügel aus der Hand,
Empfängt mit seinem Arm die Brüder,
Und spricht von dem, der ihn gesandt:

„Der König läßt viel Heil euch melden,
Sein Groll hat endlich sich verzehrt;
Mit Frieden will er's euch vergelten,
Daß ihr als König ihn geehrt.

„Was ihr im stolzen Mut vordessen
Unziemliches an ihm gethan;
Es sei verziehen und vergessen,
Und Fried' und Eintracht sei fortan.

„Wohlan, so laßt es euch gefallen,
Zieht mit hinunter alsogleich,
Daß er vor seinen Rittern allen
Empfah' als Ohm und König euch."

Des Mohrenkönigs Günstling.

Der Mohrenkönig saß und zechte,
Um ihn stand seiner Mohren Schar;
Er schwang den Becher in die Rechte,
Und reicht' ihn seinem Kämmrer dar:

„Trink' aus auf deines Königs Leben,
Und rufe laut dem König Heil!
Hat das der Himmel ihm gegeben,
So wird's dem Sklaven auch zu Teil."

Der hebt ihn hoch: der König lebe!
Und neigt beim Trinken sich so tief,
Daß der bewegte Saft der Rebe
Vom Rand des Bechers zitternd lief.

Der König schaut mit halben Blicken,
Und spricht dazu in trunknem Mut:
„Du mußt dich nicht so gar sehr bücken;
Vergoßner Wein bedeutet Blut."

Dann kehrt er sich von ihm, der zitternd
Vor seines Herren Gnade steht,
Und ruft zur Seite, daß es schütternd
Durch alle Vorgemächer geht:

„Führt mir die Säng'rin her zum Saale
Aus ihres Schlosses festem Wall!
Sie wecke Lust bei unserm Mahle
Mit ihrer Silberstimme Schall.

Dort hinter'm seidnen Teppichhange
Steh' sie, und grüß' uns sanft und laut,
Daß jeder sich erfreu' am Klange
Der Nachtigall, die keiner schaut."

Schon ziehen durch den Saal die Lieder,
Wie Abendlüft' aus Wolkenflor,
Sie steigen schwellend auf und nieder,
Und heben jede Brust empor.

Zum seidnen Vorhang schaun die Zecher,
Als wollten sie die Töne sehn,
Und leiser klingen alle Becher
Mit sanft antwortendem Getön.

Der König schlürft des Wohllauts Fluten,
Und leert die Becher fort und fort;
Der Kämmrer trinkt und hört sich Gluten,
Und doppelt zitternd steht er dort.

Gezogen wie von Zauberhänden,
Geht er und steht, und steht und geht,
Zum Teppich muß er hin sich wenden,
Der winkend ihm entgegen weht.

Den Teppich hat er aufgehoben,
Und schaut mit einem trunknen Blick;
Da springt der König auf mit Toben,
Der Kämmrer starrend sinkt zurück.

„Und kannst du nicht die Lust bezwingen,
Zu schaun, was ich allein darf schaun?
Man soll sie dir vor's Auge bringen,
Gieb Acht, und sieh sie ohne Graun!"

Da winket er dem Henker draußen,
Der stets im Vorgemache steht;
Der Henker hört mit stillem Grausen
Den heimlichen Befehl, und geht.

Und schon ist er zurück im Saale,
Eh' man ihn weggegangen glaubt,
Und bringt auf einer goldnen Schale
Der Säng'rin goldgelocktes Haupt.

Da steht es zu des Königs Füßen,
Vor denen stumm der Kämmrer liegt:
„Nun sollst du diesen Mund mir küssen,
Weil sein Gesang dir nicht genügt.

Nimm hin und küss' mir recht mit Weile,
Und keine Lippe zittre dir!
Sonst steht mit dem schon blut'gen Beile
Mein ungeduld'ger Diener hier."

Er hält das Haupt mit krampfen Händen
Und küßt das blasse Angesicht,
Fest küßt er's, um im Kuß zu enden,
Und braucht des Königs Henker nicht.

Der Mohrenkönig sieht mit Schweigen
Im weiten Saal sich forschend um;
Die edlen Mohren stehn und neigen
Sich dem Gebieter ernst und stumm.

Der spricht: „Die Leichen tragt von dannen,
Und scharrt sie bei einander ein;
Wir fahren fort wie wir begannen,
Wer will mein neuer Kämmrer sein?"

Maria Siegreich.

Ortslegende.

Die Ritter ziehn auf allen Wegen
Mit ihrer Rosse lautem Schwarm
Dem festlichen Turnier entgegen,
Und mancher prüft den stolzen Arm,
Wie er ihn recht mit Macht will schwingen,
Den Gegner in den Staub zu ringen.

Herr Walter hoch zu Rosse schreitet,
Das Haupt in Andacht still gesenkt;
Die Linke, die den Zaum nicht leitet,
Der Rechten über's Kreuz verschränkt;
Das Roß, sich selber überlassen,
Geht abwärts von betretnen Straßen.

Und durch's verhallende Getümmel
Des Kämpferzuges dringt zum Ohr
Des Einsamen ein Ruf vom Himmel,
Der Ritter lauschend schaut empor;
Sieh da! sein Roß hält an der Schwelle
Von Sankt Mariä Waldkapelle.

Und drinnen wandelt durch die Hallen
Der Messe lauter Friedensgruß;
Der Krieger läßt ihn sich gefallen,
Und hebt vom Roß den eh'rnen Fuß;
Er tritt hinein, und beugt die Glieder
Vor'm heil'gen Altar betend nieder.

Andächtig fleht er zu der hohen
Besiegerin der Erdenwelt,
Daß sie ihm schenke leichten, frohen,
Preiswürd'gen Sieg, wie's ihr gefällt,
Daß sie die schwache Hand ihm stärke
Und ihn vertret' im Waffenwerke.

Da steigt ein Säuseln von den Höhen
Hernieder auf des Beters Haupt;
Er fühlt es kühlend sich umwehen,
Bis das Gefühl ihm ist geraubt;
Er ruht, versenkt im tiefen Traume,
Am Fuß des Altars wie auf Flaume.

Er träumt, wie aus des Himmels Reichen
Er selber steig' im Ritterkleid,
In Waffen strahlend ohne gleichen,
Und zieh' hinan zum fernen Streit,
Wo jedes Aug' auf ihn sich wendet,
Bis es der goldne Schimmer blendet.

Und wie er eintritt in die Schranken,
Hoch schwebend auf dem weißen Roß,
Ist's alsob er nur mit Gedanken,
Nicht fechte mit der Lanze Stoß;
Denn eh' die Lanze sich geschwungen,
Hat sie den Feind vom Roß gerungen.

Schon liegen auf der Kampfesstätte
Vor ihm der edlen Ritter drei,
Und schmetternd ruft es die Drommete,
Daß sein der Siegsruhm dreifach sei;

Da sprengt er fort zu Roß geschwinde,
Als wollt' er schwinden in die Winde.

Und da der Schläfer so verschwunden
Sich selber ist aus seinem Traum,
Springt er, vom Schlummer losgebunden,
Empor, und sieht, und glaubt es kaum,
Er sieht schon an des Fensters Gittern
Des Abends letzte Röte zittern.

Schnell wieder betend sinkt er nieder:
O Herrin, wie du's fügst, ist's gut.
Gefochten haben meine Brüder,
Derweil ich hab' in dir geruht.
Vermessen ist des Menschen Denken,
Dein Ratschluß weiß es recht zu lenken.

Dann hebt er sich, und steigt zu Rosse,
Mit freier friedenvoller Brust,
Schon lenkt er um nach seinem Schlosse,
Und denkt in anspruchsloser Lust:
Wer mag nun heut' des Sieges Gaben
Im heißen Kampf errungen haben?

Da nahen sich auf seinen Pfaden
Zu Fuß der edlen Ritter drei,
Mit Gaben ihre Hand beladen,
Und treten an sein Roß herbei,
Und neigen sich vor ihm die Krieger,
Und grüßen laut ihn ihren Sieger:

Du hast im männlichen Gefechte
Heut', edler Ritter, wunderbar
Besiegt durch deine tapfre Rechte
Die unsre, die nicht feige war;
Die Gaben nimm, die wir dir weihen,
Und laß dir Gott den Sieg gedeihen!

Da thut der Ritter hochbetroffen
Zu reden seine Lippen auf;
Verstummend bleibt der Mund ihm offen,
Und keine Worte folgen drauf;
Er hört mit innerlichem Staunen
Unsichtbar es in's Ohr sich raunen:

Weil du auf meine Siegesmächte
Vertrautest zuversichtiglich,
Hab' ich bewaffnet meine Rechte,
Gekämpfet hab' ich selbst für dich;
Die ich für dich errungen habe,
Nimm hin mit Dank die Siegesgabe!

Da kehrt den Lippen ihre Rede,
Sie tönen jubelnd himmelan:
Des Menschen Geist und Kraft ist blöde;
Nicht ich, der Himmel hat's gethan.
Des Himmels Arm hat euch bezwungen,
Und euern Stolz in Staub gerungen.

Nicht ich darf mich den Sieger heißen,
Maria heißt die Siegerin.
Legt Gab' und Waffen mit Lobpreisen
Vor ihren Friedensaltar hin!

Lobpreis sei der Gebenedeiten
Von nun an bis in Ewigkeiten!

Der Blinde.

Es zieht mit seiner Schar von hohen
Kamelen, achtzig an der Zahl,
Derweil des Mittags Flammen lohen,
Abdalla durch das öde Thal.

Und wo ein Kranz von Dattelpalmen
Umziehet eines Quelles Rand,
Streckt er sein Heer auf weichen Halmen,
Und sich auf's schwellende Gewand.

Dem Sultan gleich, der in der festen
Umzinglung seiner Treuen ruht;
Frucht, Schatten, nimmt er von den Ästen,
Und kühlen Schöpftrunk aus der Flut.

Da tritt, die ernsten Manneschritte
Gelenkt von einem Zederstab,
Ein Derwisch in des Kreises Mitte,
Und grüßt zum Ruhenden herab:

Was zählest du mit müß'gen Blicken
Dein unbelastet lagernd Heer?
Mich sendet, um dich zu beglücken,
Dein günstiges Geschick hieher.

Steh' auf, und zeuch mit deinen Scharen
Auf meiner Spur vertrauenvoll!
Den Schatz will ich dir offenbaren,
Der achtzig Rücken lasten soll.

Gleichwie der Wolf mit freud'gem Schrecken
Neuhungernd auf vom Lager springt,
Wenn ihm, dem satten, fernes Blöcken
Der ungehofften Beut' erklingt;

So springt der Kaufmann, wie von Sinnen,
Empor, und fühlt sich plötzlich arm:
Kann ich die Schätze nicht gewinnen,
Was soll mir dieser dürft'ge Schwarm?

Beim Barte, der in Silberflocken
Dir bis zum Gürtel niedersteigt!
Nicht rasten sollst du mir noch stocken,
Bis du die Schätze mir gezeigt.

Der Derwisch an dem Zederstabe
Spricht ernst mit kaum bewegtem Kinn:
Gemach, mein Sohn! gut ist die Habe,
Doch besser ist ein weiser Sinn.

Er streckt die zauberhafte Rute
Mit stäter Hand zum Wandern vor;
Der Krämer folgt in dumpfem Mute
Mit seiner Tiere stummem Chor.

Sie ziehen hin zu fernen Gründen,
Und eng und enger wird das Thal,
Und hoch und immer höher winden
Sich rings die Berge schroff und kahl.

Bis wo mit scharfgeschliffnen Zacken
Die Felsenstirn den Pfad verbaut;
Der Alte wendet seinen Nacken
Nach ihm, der voll Erwartung schaut:

Hier, spricht er, laß die Träger rasten,
Nach rechter Art auf's Knie gesenkt,
Bereit um zu empfahn die Lasten,
Die dir des Himmels Wille schenkt.

Abdalla winkt mit schnellen Blicken
Ihr Zeichen der gewöhnten Schar;
Schon senkt den achtzigsten der Rücken
Mit Stolz der letzte Dromedar.

Der strenge Beter aber schreitet
Zum Felsen, der sich dräuend strafft,
Indem er leicht die Hand verbreitet,
Ihn zu berühren mit dem Schaft.

Kaum hat den Schlag der Fels empfunden,
Als er erbebt im tiefsten Grund,
Und, von dem Zauber überwunden,
Aufthut er seinen eh'rnen Mund,

Und zeigt in düsterroter Höhle
Die goldne Pracht zu Schau gelegt;
Dem Krämer preßt die starre Kehle
Das Ach, das in der Brust sich regt.

Er blinzt das Auge, krampft den Finger;
Was aber hält noch seinen Fuß?
Es beut dem ungeduld'gen Jünger
Der Greis den ungehofften Gruß:

„Sag' an, und steh' gebannt so lange,
Wieviel der Tiere nennst du dein?"
Weh mir! ruft jener ahnend bange,
Sind denn nicht diese achtzig mein?

„Behalt' die vierzig dir zur Linken,
Die vierzig rechten sind mein Lohn;
Und wenn dir diese besser dünken,
So nehm' ich jene, lieber Sohn!"

Wie wenn auf schroffer Felsenzinne
Ein Schifferjüngling sieht die Fee,
Die süß ihm winkt zum Spiel der Minne,
Dann stürzt sie brausend in die See;

Die aufgehobnen Wogen schlagen
Den grünen Schleier um sie her;
Und will er seine Beut' erjagen,
Muß er sein Leben weih'n dem Meer:

So wird von innerlicher Fehde
Abdalla's giere Brust zerfleischt,
Da seines Führers kalte Rede
Von ihm das halbe Leben heischt.

Er seufzt: O weh, aus ihrer Fuge
Gerückt ist die verkehrte Welt.
Was will der Fromme mit dem Truge,
Der Heil'ge mit dem Sündengeld?

Willst du vielleicht mit Gold umspangen
Den Koran, der dein Gold sein soll?
O laß dich nicht vom Teufel fangen,
Und laß mir meine achtzig voll!

Doch wenn für mich um Glück und Habe
Du künftig beten willst zum Herrn;
So biet' ich dir zur frommen Gabe
Das kleinste der Kamele gern.

Der Derwisch deutet nach den Schätzen,
Und schwingt sein Rohr dem Felsen nah;
Der Kaufmann stammelt vor Entsetzen:
Nimm sie nur hin! da sind sie ja.

Nun auf! ruft jener, auf die Hände!
Wir tauchen sie in goldne Flut,
Daß unser Tagewerk sich ende,
Bevor die Sonn' ab ihrem ruht.

Gleichwie der Maulwurf blind mit Schnaufen
Wühlend im Kot die Furchen zeucht,
So rafft der Krämer Goldeshaufen,
Keucht, kommt und geht, geht, kommt und keucht.

Doch wie die Biene summend leise
Den Seim trägt, daß die Zelle schwillt,
So hat mit seinem Zauberreise
Der Greis die Säcke leicht gefüllt.

Und als die achtzig wohlbeladen
Die Hälse sträubend rückwärts drehn,
Geht noch einmal der Greis zum Gaden,
Und wohl sieht ihn der Krämer gehn,

Und sieht, daß eine Salbenflasche
Er vorholt aus dem tiefsten Schacht,
Und birgt sie in die Faltentasche
Mit sorgsam wählendem Bedacht.

„Der Schatz gewiß ist kein geringer,
Den er davon so sorgsam trug."
Der Krämer mit gekrümmtem Finger
Hascht einen Goldblock noch im Flug.

Doch wie er länger noch will tasten,
Treibt ihn hinaus des Alten Wort:
Wir dürfen hier nicht länger rasten;
Nun schleuß dich wieder, dunkler Hort!

Er spricht's, und wie die schwanke Gerte
Den Fels berührt, dumpf tönt es nach,
Und schwindend schließt sich das gesperrte
Gewölb' in einem lauten Ach.

Und mit ihm ächzt des Kaufmanns Seele,
Wie er die nackten Wände schaut:
Warum ach bleibt der Grabeshöhle
Dies Mark des Lebens anvertraut!

Doch tiefer ächzet er und strenger,
Als er geteilt die Herde sieht;
Stumm nimmt er seine vierzig Gänger,
Indes mit vierz'gen jener zieht.

Und wo nun in des Thales Mitte
Der Kreuzweg auseinander weicht,
Da hat der Greis nach Freundessitte
Die Hand zum Abschied ihm gereicht:

Leb' wohl! wir dürfen nun nicht weiter
Zusammen Eine Straße ziehn.
Leb' wohl! und Gott sei dein Geleiter!
Er hat dir reiches Glück verliehn.

Der Krämer grollt: Zieh hin mit Segen!
Auch diese vierzig waren mein. —
Noch sind sie weit nicht auf den Wegen,
Da fällt dem Krämer etwas ein.

Umwendend ruft er nach dem Greise:
Hört, lieber Vater, hört ein Wort!
Der Alte hemmt gemach die Reise,
Und schnaufend steht der Krämer dort.

Er spricht: Ich hab' es wohl erwogen,
Und unser Handel ist nicht recht;
Zum Gottesmann seid ihr erzogen,
Und nicht zu der Kamele Knecht.

Es stampfen euch die wilden Tiere
Mit ihren Hufen in den Sand;
Erlaubt, daß ich euch zehn entführe,
Auch dreißig ist ein harter Stand.

Nimm hin, mein Sohn, spricht jener lächelnd,
Du hast mein Alter wohl bedacht.
Und schon hat der vor Freude röchelnd
Die zehn zu seiner Schar gebracht.

Doch wieder ruft er nach dem Greise:
Hört, guter Vater, noch ein Wort!
Der Alte wieder hemmt die Reise,
Und wieder steht der Krämer dort,

Und spricht: Ich habe dies gefunden,
Das Recht des Himmels wird gekränkt;
Ihr sollt ja beten alle Stunden;
Könnt ihr's, wenn ihr die dreißig lenkt?

Wohl dem, der führt ein stilles Leben,
In Andacht wandelnd an sein Ziel!
Wollt ihr mir nicht noch zehne geben?
Schon zwanzig ist zum Beten viel.

Der Alte spricht, und nickt bedächtig:
Nimm hin! für's Beten sorgst du gut.
Und schon hat der mit Schritten mächtig
Die zehn gebracht in sichre Hut.

Und wieder ruft er nach dem Greise:
O höret, Vater, noch ein Wort!
Der Alte wieder hemmt die Reise,
Und wieder steht der Krämer dort,

Und spricht: Noch eins ist mir entgangen:
Was dächte wohl die Welt von euch?
Ihr seid von ird'scher Lust gefangen;
Ein Derwisch wollt ihr sein und reich?

Ja, sollten so der Mißgunst Zähne
Euch nagen, thät mir's herzlich leid.
Drum gebt von zwanzig mir noch zehne,
Auch zehn ist übergnug zum Neid.

Der Alte spricht, und hebt die Hände:
Nimm hin! den Neid kennst du gar sehr.
Und schon hat der rasch und behende
Auch die gebracht zu seinem Heer.

Da ruft er noch einmal dem Greise:
Hört, Vater, höret noch ein Wort!
Noch einmal hemmet der die Reise,
Noch einmal steht der Krämer dort,

Und spricht: Laßt euch noch eines sagen,
Gegeben habt ihr nun soviel,
Wollt ihr das letzte mir versagen?
Was soll euch dieses Kinderspiel?

Ihr könnt mit eurem Zederstabe
Die Schätze heben tief und hoch;
O gebt zu meinem ganzen Trabe
Mir auch die letzten zehen noch!

Da sprach der Greis mit ernsten Mienen:
Nimm hin, mein Sohn, nimm hin und geh!
Und mögest du dein Glück mit ihnen
Gewonnen haben, nicht dein Weh.

Der Krämer küßt ihm tief die Hände:
Und muß es nun geschieden sein?
Gott müsse dir für deine Spende
In beiden Welten Heil verleihn!

Nie welken lass' er dir noch bleichen
Des Lebens frisch und grüne Lust!
Du aber gieb zum Abschiedszeichen
Mir noch die Flasch' in deiner Brust!

Ich merkt' es wohl, wie du verborgen
Für dich den Hauptschatz eingethan.
Wirf von dir alle eitlen Sorgen,
Und laß die Flasche mich empfahn! —

Er zog sie aus den Falten säumend,
Gab sie ihm hin, und schwieg, und sprach:
So quell' aus ihrem Schoße schäumend
Dir der Zufriedenheiten Bach!

„Zufriedenheit? In Bettlersäcken
Mag etwa diese wohnen auch;
Was Beßres, denk' ich, muß hier stecken
In dieser Flasche dunklem Bauch.

Geschwind, sag' an, o Herr und Meister,
Und mach' mir länger nicht Verdruß!
Was sind des Saftes Wundergeister?
Und welches ist der Zaubergruß?"

Er sprach: Wie trefflich kannst du spüren,
Nur daß du's nicht ergründen kannst:
Merk' auf, und laß dich nicht verführen,
Sieh zu, wie du den Argen bannst!

Zwiespältig ist die Kraft der Quelle:
Dem rechten Auge eingeflößt,
Macht sie des Geistes Sehkraft helle,
Daß er der Schöpfung Siegel löst.

Dann thun sich auf des Erdleibs Gründe,
Dich grüßen mit dem Silberblick
Die schlängelnden Metallgewinde,
Der Adern lebendes Verstrick.

Doch wird das Auge naß zur Linken,
So stirbt dahin die ird'sche Pracht,
Die Schätze in die Tiefe sinken,
Und deine Sehkraft in die Nacht.

Der Jünger kniet, und streckt die Hände
Schon zuckend nach dem Greis empor,
Daß er des Sehens Tau ihm spende,
Ihm öffne selbst des Auges Thor.

Der Meister taucht des Fingers Spitze
Bis an den Nagel in den Saft,
Er murmelt aus des Mundes Ritze,
Und neigt das Haupt gedankenhaft.

Dann dreimal auf zum Himmel hebt er
Den feuchten Finger hoch und lang',
Und dreimal streichend überwebt er
Des rechten Auges Wimperhang.

Und wie zum drittenmal der Finger
Sich hebt, hebt sich des Auges Lid;
Auftaumelnd raffet sich der Jünger
Empor, und jauchzet, was er sieht:

Ich seh' aus goldnem Stoff gewoben
Des Erdenleibes Herrlichkeit,
Die Decken sind hinweg gehoben,
Und golden glüht das Eingeweid'.

Die Sterne blühn in Felsenstücken,
Die Sonnen wachsen in dem Erz;
Wer läßt sie mich mit Händen pflücken?
Wer läßt mich saugen sie in's Herz?

O Herr und Meister, sieh mich wimmern,
O tauche deinen Finger ein,
Und drück' ihn mit den Lebensschimmern
Auch in das linke Aug' herein!

Ernst jener sprach: Wird naß zur Linken
Das Auge, stirbt die ird'sche Pracht;
Die Schätze in die Tiefe sinken,
Und deine Sehkraft in die Nacht.

„O Herr und Meister, hör' mich ächzen,
In's Auge geuß den Flammenguß!
O laß mich Armen nicht verlechzen
In meinem reichen Überfluß.

Was soll ich denn das Funkeln schauen,
Wenn es die Hand nicht greifen kann?
O komm geschwind mich blind zu tauen,
Wenn ich nicht anders Ruh' gewann!"

Er krallt die Hand und rollt die Blicke,
Und zucket nach des Greises Bart.
Der beugt sich weigernd noch zurücke,
Dann neigt er vor sich und willfahrt.

Er tauchet tief des Fingers Runde
In's Naß bis an des Gliedes Reif,
Und murmelt aus geschlossnem Munde,
Und zieht auf's Auge Streif um Streif.

Da kommt die Nacht hereingesunken,
Und schließt des Thoren Augenlicht;
Er fällt geblendet, todestrunken,
Vernichtet, auf sein Angesicht;

Und liegt, und schweigt; und schweigt und starret
Dann ächzt er auf zum Sonnenschein:
So sind die Schätze all verscharret,
Und nur die achtzig Lasten mein!

Nun will ich einen Knecht mir wählen,
Der mir mein Gut nach Hause bringt.
Komm, führe mich, und laß mich zählen!
Noch hört mein Ohr, was golden klingt.

Der Derwisch aber zürnend wendet
Sich von dem Armen ab, und spricht:
Unsel'ger, zwiefach nun geblendet,
An Geistes= und an Augenlicht!

Bis fremdes Mitleid aufgenommen
Dich hier wird haben, harre du!
Die Schätze, die dir nicht mehr frommen,
Führ' ich zur Gabe Würd'gern zu.

Er spricht's, und setzt in Zug die Herde,
Und jener sitzt gelähmt und stumm,
Und kehrt mit starrender Gebärde
Blind nach den Ziehenden sich um.

Dann ringend mit ohnmächt'gem Krampfe,
Wirft er sich auf sich selber hin,
Und horcht, wie fernhin mit Gestampfe
Die lauten Dromedare ziehn.

V.

Religion.

Der Baum des Lebens.

Als Adam lag im Todeskampfe schon,
Schickt' er zum Paradiese seinen Sohn;

Zu holen einen Zweig vom Lebensbaum,
Und zu genesen hofft' er noch davon.

Seth brach das Reis, und als er's hergebracht,
War schon des Vaters Lebenshauch entflohn.

Da pflanzten sie das Reis auf Adams Grab,
Und fortgepflanzt ward es von Sohn zu Sohn.

Es wuchs, als in der Grube Joseph lag,
Und Israel in der ägyptschen Fron.

Des Baumes Blüten gingen duftend auf,
Als David harfend saß auf seinem Thron.

Dürr ward der Baum, als an dem Weg des Herrn
Irr' ward in seiner Weisheit Salomon.

Doch die Geschlechter hofften, daß ihn neu
Beleben sollt' ein andrer Davidssohn.

Das sah im Geist der Glaube, da er saß
Im Leid an Wasserflüssen Babylon.

Und als der ew'ge Blitz vom Himmel kam,
Zerbarst der Baum mit hellem Jubelton;

Begnadigt ward der dürre Stamm von Gott,
Zu dienen zu dem Holz der Passion.

Es zimmerte die blinde Welt aus ihm
Das Kreuz, und schlug ihr Heil daran mit Hohn.

Da trug der Baum des Lebens blut'ge Frucht,
Daß, wer sie koste, Leben sei sein Lohn.

O Freimund, sieh! der Baum des Lebens wächst,
Ausbreitend sich, jemehr ihm Stürme drohn.

Die ganze Welt ruh' unter seinem Schirm!
Die halbe ruht in seinem Schatten schon.

Bethlehem und Golgatha.

Er ist in Bethlehem geboren,
Der uns das Leben hat gebracht,
Und Golgatha hat er erkoren,
Durch's Kreuz zu brechen Todes Macht.
Ich fuhr vom abendlichen Strande
Hinaus, hindurch die Morgenlande;
Und Größeres ich nirgend sah,
Als Bethlehem und Golgatha.

Wie sind die sieben Wunderwerke
Der alten Welt dahingerafft,
Wie ist der Trotz der ird'schen Stärke
Erlegen vor der Himmelskraft!
Ich sah sie, wo ich mochte wallen,
In ihre Trümmer hingefallen,
Und stehn in stiller Gloria
Nur Bethlehem und Golgatha.

Weg ihr ägyptschen Pyramiden!
In denen nur die Finsternis
Des Grabes, nicht des Todes Frieden
Zu bauen sich der Mensch befliß.
Ihr Sphinx' in kolossalen Größen,
Ihr konntet nicht der Erde lösen
Des Lebens Rätsel, wie's geschah
Durch Bethlehem und Golgatha.

Erdparadies am Roknabade,
Flur aller Rosen von Schiras!
Und am gewürzten Meergestade
Du Palmengarten India's!
Ich seh' auf euren lichten Fluren
Noch gehn den Tod mit dunklen Spuren:
Blickt auf! Euch kommt das Leben da
Von Bethlehem und Golgatha.

Du Kaaba, schwarzer Stein der Wüste,
An den der Fuß der halben Welt
Sich jetzt noch stößt, steh' nur und brüste
Dich, matt von deinem Mond erhellt!

Der Mond wird vor der Sonn' erbleichen,
Und dich zerschmettern wird das Zeichen
Des Helden, dem Victoria
Ruft Bethlehem und Golgatha.

O der du in der Hirten Krippe
Ein Kind geboren wolltest sein,
Und, leidend Pein am Kreuzgerippe,
Von uns genommen hast die Pein!
Die Krippe dünkt dem Stolze niedrig,
Es ist das Kreuz dem Hochmut widrig;
Du aber bist der Demut nah
In Bethlehem und Golgatha.

Die Kön'ge kamen anzubeten
Den Hirtenstern, das Opferlamm,
Und Völker haben angetreten
Die Pilgerfahrt zum Kreuzesstamm.
Es ging in Kampfes Ungewitter
Die Welt, doch nicht das Kreuz, in Splitter,
Als Ost und West sich kämpfen sah
Um Bethlehem und Golgatha.

O laßt uns nicht mit Lanzenknechten,
Laßt mit dem Geist uns ziehn in's Feld,
Laßt uns das heil'ge Land erfechten,
Wie Christus sich erfocht die Welt!
Lichtstrahlen laßt nach allen Seiten
Hinaus, alswie Apostel, schreiten,
Bis alle Welt ihr Licht empfah'
Aus Bethlehem und Golgatha.

Mit Pilgerstab' und Muschelhute
Nach Osten zog ich weit hinaus;
Die Botschaft bring' ich euch, die gute,
Von meiner Pilgerfahrt nach Haus:
O zieht nicht aus mit Hut und Stabe
Nach Gottes Wieg' und Gottes Grabe!
Kehrt ein in euch und findet da
Sein Bethlehem und Golgatha.

O Herz, was hilft es, daß du knieest,
An seiner Wieg' im fremden Land?
Was hilft es, daß du staunend siehest
Das Grab, aus dem er längst erstand?
Daß er in dir geboren werde,
Und daß du sterbest dieser Erde,
Und lebest ihm, nur dieses ja
Ist Bethlehem und Golgatha.

Gesang der heiligen drei Könige

an der Wiege des neugeborenen Himmelsknaben.

In Morgenlanden
Der Weisheit, fern,
Sahn wir erstanden
Den Himmelsstern,
Dem, voll Verlangen
Wir nachgegangen,
Bis daß wir fanden
Hier ihn, den Herrn.

In stiller Wiege,
Ein Kind zu sehn;
Es lächelt Siege
Und Auferstehn,
Und Selbstbefreiung
Von Selbstentweihung,
Von innrem Kriege
Und äußren Wehn.

Es war verloren
Die Welt in Nacht,
Wir auserkoren
Der Todesmacht;
Die Bösen plagten,
Die Guten zagten; —
Du bist geboren,
Und Heil erwacht.

Worauf Propheten
Solang' gehofft,
Es mit Gebeten
Erfleht so oft,
Ist uns erschienen,
Die's nicht verdienen;
Zu uns getreten
Ist's unverhofft.

O Friedensknabe,
Der uns erfreut,
Mit Himmelslabe
Die Erd' erneut!

Weihrauch und Mirrhen
Aus Goldgeschirren
Zur Opfergabe
Sei dir gestreut.

Du wirst erlösen
Der Deinen Schar,
Und wirst die Bösen
Zertreten gar;
Du wirst den Drachen
Zunichte machen,
Der mit Getösen
Schreckt immerdar.

Die Macht des Todes
Besiegt dich nicht,
Und kein Herodes
Bezwingt dein Licht;
Du wirst die Deinen
Zum Kampf vereinen,
Voll Morgenrotes
Dein Angesicht.

Ich seh' die treuen,
Die Kämpfer stehn,
Für dich sich freuen
In Tod zu gehn,
Mit hellen Wunden
Es zu bekunden,
Daß du zu Leuen
Sie auserseh'n.

Ihr heil'gen Streiter
Im Gottsgefecht,
Die ihr zu Scheiter
Die Unbill brecht;
O streitet mutig,
O streitet blutig,
Bis ewig heiter
Licht herrscht und Recht.

Die ihr dem süßen
Tod euch geweiht,
Die Engel müssen
Es sehn mit Neid!
Mit Martyrkronen
Wird man euch lohnen,
Euch Heil'ge grüßen
In Ewigkeit.

Adventlied.

Dein König kommt in niedern Hüllen,
Ihn trägt der lastbarn Es'lin Füllen,
Empfang' ihn froh, Jerusalem!
Trag' ihm entgegen Friedenspalmen,
Bestreu' den Pfad mit grünen Halmen!
So ist's dem Herren angenehm.

O mächt'ger Herrscher ohne Heere,
Gewalt'ger Kämpfer ohne Speere,
O Friedensfürst von großer Macht!

Es wollen dir der Erde Herren
Den Weg zu deinem Throne sperren,
Doch du gewinnst ihn ohne Schlacht.

Dein Reich ist nicht von dieser Erden,
Doch aller Erde Reiche werden
Dem, das du gründest, unterthan.
Bewaffnet mit des Glaubens Worten,
Zieht deine Schar nach den vier Orten
Der Welt hinaus, und macht dir Bahn.

Und wo du kommest hergezogen,
Da ebnen sich des Meeres Wogen,
Es schweigt der Sturm, von dir bedroht.
Du kömmst, auf den empörten Triften
Des Lebens neuen Bund zu stiften,
Und schlägst in Fessel Sünd' und Tod.

O Herr von großer Huld und Treue,
O komme du auch jetzt auf's neue
Zu uns, die wir sind schwer verstört.
Not ist es, daß du selbst hienieden
Kommst zu erneuen deinen Frieden,
Dagegen sich die Welt empört.

O laß dein Licht auf Erden siegen,
Die Macht der Finsternis erliegen,
Und lösch' der Zwietracht Glimmen aus;
Daß wir, die Völker und die Thronen,
Vereint als Brüder wieder wohnen
In deines großen Vaters Haus!

Die sieben Wochen.

Nun geht der Herr, der Ostern auferstand,
Auf Erden sieben Wochen bis zu Pfingsten;
Und segnend wandeln kann ihn über Land
Ein jeder sehn vom Größten zum Geringsten.

Maria Magdalena, komm und schau'
Den Gärtner stehn im stillen Frühlingsgarten!
Er ist der Gärtner, er, auf dessen Tau
Des Herzens Blumen alle durstig warten.

O Thomas, der du der Ungläub'ge bist,
Komm, deine Finger leg' in seine Wunden,
Und glaube! Jede Frühlingsrose ist
Als Liebeswund' an seinem Leib erfunden.

Am Ostermorgen.

Am Ostermorgen schwang die Lerche
Sich auf aus irdischem Gebiet,
Und, schwebend über'm stillen Pferche
Der Hirten, sang sie dieses Lied:
Erwacht! die Nacht entflieht.
Das Licht zerbricht
Die Macht der Nacht;
Erwacht, ihr Lämmer all', erwacht,
Auf feuchtem Rasen kniet!

Es ward von einem Osterlamme
Gethan für alle Welt genug,
Das blutend an dem Kreuzesstamme
Die Schuld der ganzen Herde trug.

Des Sieges Stunde schlug!
Das Grab, es gab
Den Raub vom Staub
Zurück; nun weidet grünes Laub,
Ihr Lämmer fromm und klug!

Der Baum des Lebens, fluchbeladen,
Stand abgestorben, dürr und tot.
Des Lammes Blut ihn mußte baden;
Nun wird er blühen rosenrot.
Gewendet ist die Not!
O seht, her geht
Der Hirt, der wird
Die Herde weiden unverirrt
Im neuen Morgenrot.

Der Nachtigall Pfingstgesang.

Zu Pfingsten sang die Nachtigall,
Nachdem sie Tau getrunken;
Die Rose hob beim hellen Schall
Das Haupt, das ihr gesunken:

O kommt, ihr alle, trinkt und speist,
Ihr Frühlingsfestgenossen,
Weil über's ird'sche Mahl der Geist
Des Herrn ist ausgegossen.

Die Himmelsjünger groß und klein
Sind von der Kraft durchdrungen,
Man hört sie reden insgemein
In wunderbaren Zungen.

Und da ist keine Zung' am Baum,
Kein Blatt ist da so kleines,
Es redet auch mit drein im Traum,
Als sei's voll süßen Weines.

O ihr Apostel, gehet aus,
Und predigt allen Landen,
Mit Säuselluft und Sturmesbraus,
Von dem, der ist erstanden!

Legt aus sein Evangelium,
Auf Frühlingsau'n geschrieben,
Daß er uns lieben will darum,
Wenn wir einander lieben.

Sprecht von der Liebe Lohnungen,
Sprecht von des Friedens Schmause,
Sprecht von den vielen Wohnungen
In unsres Vaters Hause.

Die Liebe macht die Sonnen drehn,
Die Liebe wölbt den Himmel,
Und freut sich, unter ihm zu sehn
Ein liebendes Gewimmel.

Wer liebend sich an's Nächste hält,
Und will nur das gewinnen,
Umfaßt darin die ganze Welt,
Und Gott ist mitten drinnen.

Ich hab' am heil'gen Pfingstentag,
Indeß mein Weib gebrütet,
Mit frohem Nachtigallenschlag
Mein frommes Nest gehütet.

VI.

Weisheit.

Die zwei Mächte.

Wein und schöne Mädchen
Sind zwei Zauberfädchen,
Die auch die erfahrnen
Vögel gern umgarnen.

Becherrand und Lippen
Zwei Korallenklippen,
Wo auch die gescheitern
Schiffer gerne scheitern.

Kommst du in die Schenke,
Auf ein Knie dich senke!
Denn hier sitzen Fürsten,
Die nach Ruhme dürsten.

Und die Liebeszettler
Schelte keine Bettler!
Jeder trägt von Schmerzen
Einen Schatz im Herzen.

Liebe und Herr Becher!
Freigeborner Zecher
Königin und König!
Eurem Throne frön' ich.

Helfet ihr zu Rechte
Menschlichem Geschlechte,
Wird es unter Trümmern
Niemals gar verkümmern.

Gestern trat ein Weiser
Vor des Himmels Kaiser,
Frug, wielang die närr'schen
Leute sollten herrschen?

Und Gott sprach: So lange
Eure Weisheit bange
Wird den Menschen machen,
Soll die Thorheit lachen.

Das Weinhaus.

Manch' Jahr ist's her, seit mein letztes Buch
Versetzt für roten Wein ist,
Und über die Schenke durch meinen Spruch
Gekommen ein Heiligenschein ist.

Mein Bethaus, Wohn- und Arbeitshaus
Ist nun beisammen im Weinhaus;
Und eh'r bringt hier kein Mensch mich heraus,
Als einst der Tod in's Gebeinhaus.

Bei unserem souveränen Wirt
Bin erster Günstling ich worden;
Er hat mich geziert, daß es klirrt und flirrt,
Mit sämtlichen Weinhausorden.

O einsichts- nachsichtsvoller Monarch!
Er läßt uns freie Begierde,
Und wenn wir es treiben recht bunt und arg,
Das rechnet er uns zur Zierde.

Ihr Weisen aus anderen Monarchien,
Wo man euch knappet die Zügel,
Ihr müsset in unseren Freistaat ziehn,
Um frei zu regen die Flügel.

Kommt und vertrinket die Bücher auch,
Und habt ihr im Kopfe Schriften,
So löschet sie aus mit des Weines Hauch,
Damit sie nicht Unrat stiften.

Becher und Wein.

Gebt Ohren meinem Spruche,
Vernehmt, und trinket nur,
Ein Bruchstück aus dem Buche
Der Weisheit der Natur.

Es fiel ein Strahl der Sonne
Zugleich mit Adams Fall,
Verlustig seiner Wonne,
Und ward, erstarrt, Metall.

Es hing das Gold in Klüften,
Wohin das Licht nicht drang,
Und sehnte sich, den Lüften
Zu künden Glanz und Klang.

Da kam, um zu erlösen
Den Bruder aus der Nacht,
Gefahren mit Getösen
Der Bergmann in den Schacht.

Da ward die Starrheit milde,
Als in des Künstlers Hand
Ein glänzendes Gebilde,
Ein tönendes, entstand.

Es war ein leer Gefäße,
Und gab nur hohlen Klang;
Da fehlte der gemäße
Gehalt der Form nicht lang'.

Denn als im Sonnenstrahle
Das Mark der Rebe schmolz,
Da ward die goldne Schale
Auf goldnen Inhalt stolz.

Der Becher gab ein Tönen,
Der Wein begeistert schwoll,
Empfindend, daß versöhnen
Des Lebens Streit er soll.

Es spiegelte der Himmel
Sich in der klaren Flut,
Und irdisches Gewimmel
Trank heitern Lebensmut.

Erhebt den Blick, ihr Becher,
Und trinkt, dem Lichte hold,
Aus goldnem Sonnenbecher
Geschmolznes Sonnengold.

Zwei Zechsprüche.

1.

Die Erd' ist ein gehöhlter Becher,
Darinnen schäumt als Trunk das Meer;
Der Himmel selber ist der Zecher,
Er beugt sich durstig drüber her,
Um mit der Sonne glüh'nden Lippen
Das Meer von Grund aus einzunippen.

2.

Blühten alle Herrlichkeiten
Zusammen in Eine Blume der Au,
Und flössen alle Süßigkeiten
Zusammen in Einen Tropfen Tau;
Den Tau aus der Blume in Einem Zug
Möcht' ich trinken, dann hätt' ich genug.

Noch ein Spruch.

Es ist der Kopf ein Luftgezelt,
Darin drei Stühle sind gestellt.
Das erste Glas tritt ein als Gast,
Nimmt auf dem ersten Stuhle Rast;
Das zweite Glas kommt hinterdrein,
Und nimmt den zweiten Stuhl sich ein;
Wenn nun das dritte kommt zuletzt,
So sind die Stühle rings besetzt.
Da kommt ein viert's noch wie der Blitz,
Sieht um sich, und sieht keinen Sitz;

Und weil es doch nicht stehen kann,
So fängt es einen Lärmen an,
Zerrt an den andern hier und dort,
Und keins will räumen seinen Ort.
Da balgen sie sich ritterlich,
Und werfen von den Stühlen sich,
Und noch ein Glück ist's, wenn das Zelt
Nicht selbst mit über'n Haufen fällt.

Der Schenke.

1.

Seht, auf unsres Schenken Wangen,
Wie auf Rosenblättern,
Hat zu schreiben angefangen
Jugend zarte Lettern.
Diese krause Schrift des Bartes
Mahnt mich an ein Blatt, ein zartes,
Drauf ich einst vom Lieben
Erstes Lied geschrieben.

2.

Dieser Wein von Lichtrubin
Mit dem Schmack, dem lieblich herben,
Nippet unser Schenke ihn
Aus dem uns kredenzten Scherben,
Scheint die Wange von Karmin
Etwas höher sich zu färben,
Und dem Auge wird verliehn
Etwas von dem lieblich herben.

3.

Freunde! seht den Knaben an,
Der den Wein kredenzet.
Ganz gewiß ist er ein Mann,
Wann es wieder lenzet.

In sein Aug' ist eine Glut,
Weiß nicht wie, gekommen,
Daß davon des Bechers Flut
Heller ist entglommen.

Um der Lippe feinen Saum,
Wie am Rand der Quelle,
Sproßt ein weicher Frühlingsflaum
Aus der Jugend Welle.

Als er nippt' am Glas zu kühn,
Blieb ein Tröpfchen sitzen,
Das ich sah als Perle blühn
An den zarten Spitzen.

Dunkle Locken wiegen sich
Um der Wangen Rose,
Mädchen sind es, schmiegen sich
An mit Liebgekose.

Wenn er in der Liebe Feld
Künftig tritt als Krieger;
Was sich ihm entgegenstellt,
Bändigt er als Sieger.

Stoßet an! gesegnet sei
Seiner Schlachten Schlagen!
Und ich denke still dabei
Alter Niederlagen.

Gebe Gott ihm gutes Glück
Gegen eine Spröde,
Die mich selber jüngst zurück
Hat gewiesen schnöde.

Möge dieser frische Held
Ihr den Hochmut strafen!
Weil ich meinen Mann gestellt,
Werd' ich ruhig schlafen.

4.

Als der Schenke den Becher hielt,
Leise den Wein zu nippen,
Hat die Woge empor gespielt,
Küssend an seine Lippen.

Als der Schenke die Flöte hielt,
Daß der Becher uns munde,
Hat die Flöte vor Lust gespielt,
Eh' sie ihm war am Munde.

Die Quelle in der Wüste.

Wenn ich eine Quelle wüßte,
Die von laut'rem Weine flösse,
Zu ihr zög' ich in die Wüste,
Daß ich ungestört genösse.

Eine Hütte wollt' ich baun,
So daß über ihre Schwelle
Flösse aller Wein der Quelle,
Ringsum baut' ich einen Zaun.

Menschen sollten mir nicht kommen,
Mir den reinen Quell zu trüben,
Doch erlaubt ich's, daß die frommen
Tiere zu mir her sich hüben.

Die Gazelle sollte springen,
Nachtigall den Gruß erwidern,
Wenn ich trunken wollte singen
Stellen aus Hafisens Liedern.

Liebesandacht.

O sei in keinem Augenblick,
Mein Herz! von Rausch und Liebe leer.
O wirf die Welt dir vom Genick,
Und deine Ichheit wirf in's Meer.

Der Liebe Meer ist reich und tief,
Die Eigenlieb' ist kahl und seicht.
Der Gang der Welt ist dumpf und schief,
Der Flug der Lieb' ist hoch und leicht.

Sieh an den frommen Mönch, und nimm
Ein Beispiel dran, nicht so zu sein.
Der Herr läßt leben gut und schlimm,
Die Selbstsucht nur verdammt allein.

Wenn du den Himmel hast in dir,
So ist dir Tod und Leben gleich.
Und hast du nicht den Himmel hier,
Was nützt dir dort das Himmelreich?

Lieb' etwas hier, und bet' es an,
Vergöttre nur dich selber nicht. —
Mir brach der Eigenliebe Wahn,
Als ich dir sah in's Angesicht.

Du hast mit deiner Locken Band
Der Ichheit Fesseln abgestrüpft,
Und an der Seelen Vaterland
Mit deinen Blicken mich geknüpft.

Es hätte mich Verzweifelung
Getötet über deinen Glanz,
Hätt' ich in Liebeshuldigung
Nicht dir mich hingegeben ganz.

Du hast die Welt in Licht getaucht
Und hast mich außer mich gestellt,
Von deinem Odem angehaucht,
In dir zu schauen Gott und Welt. —

Ein Götzendiener bist du zwar,
Hafis, doch dienst auch du dem Herrn;
Denn wessen Rausch die Liebe war,
Wie wär' dem Quell der Lieb' er fern?

Die drei Frühlingstage.

Jugend, Rausch und Liebe sind
Gleich drei schönen Frühlingstagen;
Statt um ihre Flucht zu klagen,
Herz, genieße sie geschwind!
Herz, genieße sie geschwind,
Statt um ihre Flucht zu klagen!
Gleich drei schönen Frühlingstagen
Jugend, Rausch und Liebe sind.

Wer das Sprichwort erfand.

Hätt' ich wirklich dem Wunsche geglaubt,
Daß ihm genüg' am Rosenblatte!
Wie die Ros' ihm ein Blatt erlaubt,
Ruht' er nicht, bis die Ros' er hatte.

Dacht' ich, daß ihn ein Duft ersatte,
Den der Ostwind dem Haar geraubt;
Wie er den Duft der Lock' erst hatte,
Wollt' er endlich das Lockenhaupt.

Wenn den Finger man giebt
Dem Kinde, so will's die Hand.
Der war sicher verliebt,
Der das Sprichwort erfand.

Glückliche Rettung.

Die Liebe fiel in's Grübchen am Kinn,
Und war unendlich erschrocken.
Sie langte mit entschlossenem Sinn
Nach einer der flatternden Locken,
Und zog sich mit Geschicke
Heraus am artigen Stricke,
Sonst läge sie, glaub' ich, noch darin.

Verjüngung.

Alt war ich, und der Nacht
Klagt' ich's durch Trauerlieder;
Da hab' ich dein gedacht,
Und jung bin ich nun wieder.

Lob sei und Dank dem Herrn!
Um was ich je gebeten,
Es ist ein heller Stern
Mir noch an's Grab getreten.

Der Becher voll Rubin,
Das Herz voll Rosenfunken,
So glüh' ich, bis ich bin
In Asche still versunken.

Du junger Rosenstrauch,
Wie ist es dir gelungen?
Du hast mit Frühlingshauch
Dies Winterherz durchdrungen.

Noch einmal fließt Kristall
In meines Lieds Akkorden,
Weil ich die Nachtigall
In deinem Laub geworden.

Zauberkreis.

Was steht denn auf den hundert Blättern
Der Rose all?
Was sagt denn tausendfaches Schmettern
Der Nachtigall?

Auf allen Blättern steht, was stehet
Auf Einem Blatt;
Aus jedem Lied weht, was gewehet
Im ersten hat:

Daß Schönheit in sich selbst beschrieben
Hat einen Kreis,
Und keinen andern auch das Lieben
Zu finden weiß.

Drum kreist um sich mit hundert Blättern
Die Rose all,
Und um sie tausendfaches Schmettern
Der Nachtigall.

Angereihte Perlen.

Giebst du dem Feinde nach, so giebt er dir den Frieden;
Und giebst du dir nicht nach, so ist dir Sieg beschieden.

Die kleine Biene steht dem Feind so ritterlich,
Weil sie für sich nicht ist, sie fühlt ihr Volk in sich.

Weil sie so Süßes wirkt, muß sie so bitter stechen;
Die Erd' hat keine Lust, die nicht ein Weh wird rächen.

Aus einem Blumenkelch saugt sie so Gift als Seim;
Denn heimlich ist der Tod in jedem Lebenskeim.

Es muß ein Maulbeerblatt den Fraß der Raupe leiden,
Daß es verwandelt sei aus schlechtem Laub in Seiden.

O Herz, versuch' es nur! so leicht ist gut zu sein;
Und es zu scheinen, ist so eine schwere Pein.

Und wenn ich auf der Welt das Gute nirgends fände,
Ich glaubt' an's Gute doch, weil ich's in mir empfände.

Der Prüfstein trügt dich nie: Gut ist, was wohl dir thut,
Und das ist schlimm, o Herz, wobei dir schlimm zu Mut.

Daß sie die Perle trägt, das macht die Muschel krank;
Dem Himmel sag' für Schmerz, der dich veredelt, Dank.

Vierzeilen.

1.

Wenn Jemand liebt, und im Vertrau'n
Davon zu Andern spricht er,
Wird er die Hörer schlecht erbau'n,
Oder er ist ein Dichter.

2.

Mein Herz! o trinke nur immer Wein!
Für arme wie du auf Erden,
Kann Rausch das einzige Mittel sein
Zum reichen Manne zu werden.

3.

Wehe dem, der zu sterben geht,
Und keinem Liebe geschenkt hat.
Dem Becher, der zu Scherben geht,
Und keinen Durst'gen getränkt hat.

4.

Im Frühling, im freundlichen Kreise,
Aus schöner Schenkenhand
Das Glas zu nehmen, ist weise,
All' andres ist Unverstand.

5.

Was man nicht kann hassen,
Und noch weniger lassen,
O Herz! da ist kein Mittel geblieben,
Als es von ganzer Seele zu lieben.

6.

Durch Schaden wird man klug,
Sagen die klugen Leute.
Schaden litt ich genug,
Doch bin ich ein Thor noch heute.

7.

Die Poesie ist freilich Zauberei;
Ob aber der Poet
Mehr Zauberer, mehr selbst bezaubert sei?
Ist, was in Frage steht.

8.

Die Wahrheit ist im Wein;
Das heißt: In unsern Tagen
Muß einer betrunken sein,
Um Lust zu haben die Wahrheit zu sagen.

9.

Nullen, tretend hinter eine Eins,
Würden Tausende zählen;
Weil sie den Führer nicht wählen,
Zählen sie alle zusammen keins.

10.

Eh' es sich ründet in einen Kreis,
Ist kein Wissen vorhanden;
Solang' nicht Einer Alles weiß,
Ist die Welt nicht verstanden.

11.

Großer Menschen Werke zu sehn,
Schlägt einen nieder,
Doch erhebt es auch wieder,
Daß so etwas durch Menschen geschehn.

12.

Der Verstand ist im Menschen zu Haus,
Wie der Funken im Stein;
Er schlägt nicht von sich selbst heraus,
Er will herausgeschlagen sein.

13.

Nicht das Schönste auf der Welt
Soll dir am meisten gefallen;
Sondern was dir wohlgefällt,
Sei dir das Schönste von allen.

14.

Wir haben geweint als Bräut'gam und Braut,
Um in der Ehe zu lachen,
Daß wir's uns hatten nicht zugetraut,
Einander so glücklich zu machen.

15.

Siehst du ein Mädchen seinem Kätzchen schmeicheln,
Denke: die möchte gern ein Schätzchen streicheln.
Siehst du ein Mädchen den Schoßhund quälen,
Denke: die möchte gern einem Mann befehlen.

16.

Der Hund ist ein geborner Knecht,
Des Herren Wille ist sein Recht.
Aber die Katz' ist ein freies Tier;
Du spielst nicht mit ihr, sie spielt mit dir.

17.

Wenn dein Roß ist gescheiter
Als du selber, der Reiter,
So laß dem Rosse den Zügel,
Und halte dich nur im Bügel.

18.

Schlage nur mit der Wünschelrut'
An die Felsen der Herzen an;
Ein Schatz in jedem Busen ruht,
Den ein Verständiger heben kann.

19.

Das sind die Weisen,
Die durch Irrtum zur Wahrheit reisen.
Die bei dem Irrtum verharren,
Das sind die Narren.

20.

Wahrheit ist das leichteste Spiel von allen.
Stelle dich selber dar,
Und du läufst nie Gefahr,
Aus deiner Rolle zu fallen.

21.

Deines Herzens Güte
Magst du daran erproben,
Ob du von ganzem Gemüte
Das Gute kannst an deinem Todfeind loben.

22.

Der ist ein Satan von allen Seiten,
Wie die Höll' inwendig hohl,
Dem anderer Vollkommenheiten
Weh machen, und ihre Fehler wohl.

23.

Nicht jedes Lächeln laß geschwind
Dich rühren, und nicht jede Thräne.
Das Krokodil weint wie ein Kind,
Und wie ein Mensch lacht die Hyäne.

Welt und Himmel.

1.

Die Welt ist eine Lilie, eine blaue,
Ein Inbegriff geheimnisvoller Dinge!
Ihr Brautkelch ist die Sonn', um die im Ringe
Staubfäden-gleich Planeten stehn zur Traue.

An dieser Lilie weitem Wunderbaue
Hängt schwebend mit der sehnsuchtmüden Schwinge
Des Menschen Geist gleich einem Schmetterlinge,
Und lechzet durstig nach des Kelches Taue.

Sieh! durch die Blume wehen Gottes Hauche;
Da neigen die Planeten sich zur Sonnen,
Wetteifernd, wer darein sich tiefer tauche.

Wie so das heilige Liebespiel begonnen,
Füllt Duft die Blume wie mit Opferrauche;
Den trinkt der Schmetterling und stirbt in Wonnen.

2.

Der Himmel ist, in Gottes Hand gehalten,
Ein großer Brief von azurblauem Grunde,
Der seine Farbe hielt bis diese Stunde,
Und bis an der Welt Ende sie wird halten.

In diesem großen Briefe ist enthalten
Geheimnisvolle Schrift aus Gottes Munde!
Allein die Sonne ist darauf das runde
Glanzsiegel, das den Brief nicht läßt entfalten.

Wenn nun die Nacht das Siegel nimmt vom Briefe,
Dann liest das Auge dort in tausend Zügen
Nichts als nur Eine große Hieroglyphe:

Gott ist die Lieb', und Liebe kann nicht lügen!
Nichts als dies Wort, doch das von solcher Tiefe,
Daß kein Verstand kann der Auslegung gnügen.

Ghaselen.

1.

Ich sah empor, und sah in allen Räumen Eines;
Hinab in's Meer, und sah in allen Wellenschäumen Eines.

Ich sah in's Herz, es war ein Meer, ein Raum der Welten,
Voll tausend Träum'; ich sah in allen Träumen Eines.

Du bist das Erste, Letzte, Äußre, Innre, Ganze;
Es strahlt dein Licht in allen Farbensäumen Eines.

Du schaust von Ostens Grenze bis zur Grenz' im Westen,
Dir blüht das Laub an allen grünen Bäumen Eines.

Vier widerspenst'ge Tiere ziehn den Weltenwagen;
Du zügelst sie, sie sind an deinen Zäumen Eines.

Luft, Feuer, Erd' und Wasser sind in Eins geschmolzen
In deiner Furcht, daß dir nicht wagt zu bäumen Eines.

Der Herzen alles Lebens zwischen Erd' und Himmel,
Anbetung dir zu schlagen soll nicht säumen Eines!

2.

Ich bin das Sonnenstäubchen, ich bin der Sonnenball.
Zum Stäubchen sag' ich: bleibe! und zu der Sonn': entwall'!

Ich bin der Morgenschimmer, ich bin der Abendhauch.
Ich bin des Haines Säuseln, des Meeres Wogenschwall.

Ich bin der Mast, das Steuer, der Steuermann, das Schiff;
Ich bin, woran es scheitert, die Klippe von Korall.

Ich bin der Vogelsteller, der Vogel und das Netz.
Ich bin das Bild, der Spiegel, der Hall und Wiederhall.

Ich bin der Baum des Lebens, und drauf der Papagei;
Das Schweigen, der Gedanke, die Zunge und der Schall.

Ich bin der Hauch der Flöte, ich bin des Menschen Geist,
Ich bin der Funk' im Steine, der Goldblick im Metall.

Ich bin der Rausch, die Rebe, die Kelter und der Most,
Der Zecher und der Schenke, der Becher von Kristall.

Die Kerz', und der die Kerze umkreist, der Schmetterling;
Die Ros', und von der Rose berauscht, die Nachtigall.

Ich bin der Arzt, die Krankheit, das Gift und Gegengift,
Das Süße und das Bittre, der Honig und die Gall'.

Ich bin der Krieg, der Friede, die Walstatt und der Sieg,
Die Stadt und ihr Beschirmer, der Stürmer und der Wall.

Ich bin der Kalk, die Kelle, der Meister und der Riß,
Der Grundstein und der Giebel, der Bau und sein Verfall.

Ich bin der Hirsch, der Löwe, das Lamm und auch der Wolf,
Ich bin der Hirt, der alle beschließt in Einem Stall.

Ich bin der Wesen Kette, ich bin der Welten Ring,
Der Schöpfung Stufenleiter, das Steigen und der Fall.

Ich bin, was ist, und nicht ist. Ich bin, o der du's weißt,
Dschelaleddin, o sag' es, ich bin die Seel' im All.

3.

Rein gehalten dein Gewand,
Rein gehalten Mund und Hand.

Rein das Kleid von Erdenputz,
Rein von Erdenschmutz die Hand.

Rein von Erdentrutz das Herz,
Und von Gier der Lippe Rand.

Außen sei die Schwelle rein,
Innen rein des Hauses Wand;

Daß einsprechen könn' im Haus
Reiner Gast aus Himmelsland.

Reiner Schmaus und reiner Kelch,
Rein von Rauch des Herdes Brand.

Sohn! die äußre Reinigkeit
Ist der innern Unterpfand.

Rein gehalten Hand und Mund!
Rein gehalten dein Gewand.

4.

Nach welchem ich frage, wo ist er?
Den in mir ich trage, wo ist er?

Der ragende Baum der Gedanken,
An den ich nicht rage, wo ist er?

Ich frage die Hüter am Wege:
Der Schönste im Hage, wo ist er?

Ich frage die Wächter des Weinbergs:
Der Schöne der Tage, wo ist er?

Ich streiche durch Wälder und Felder:
Der Hirsch, den ich jage, wo ist er?

Um Mitternacht, wenn er mir fehlet:
Ich zittre, ich zage: wo ist er?

Ich frage den Mond und die Sonne:
Beim Sternengelage, wo ist er?

Er ist nicht bei mir; bei den andern,
Wo ist er? ich klage, wo ist er?

Dschelaleddin, wenn du ihn fandest,
Ich such' ihn, o sage, wo ist er?

5.

Die Seele soll am Boden schweben, wie lange noch?
Und soll sich nicht in's Licht erheben, wie lange noch?

Dem Strahl des Lichtes, der vom Himmel zur Erde kommt,
Ist hier der Schatten beigegeben, wie lange noch?

Die Sterne winken, doch du lässest, o Schmetterling,
Den Flug um Sinnenblumen schweben, wie lange noch?

Die Sonne strahlet, doch du lässest, o Nachtigall,
Dich Rosenschlummerduft umweben, wie lange noch?

Die Blume, die in Düften steigen zum Himmel will,
Sie fühlt sich fest an Wurzeln kleben, wie lange noch?

Der Frühling, der die Welt will schmelzen in Blumenglut,
Muß vor dem starren Winter beben, wie lange noch?

Und scheitern muß des ew'gen Lichtes Vernichtungskampf
An dunkler Stoffe Widerstreben, wie lange noch?

Wie lange willst du deiner Schranken, beschränkter Geist,
Ohnmächt'gen Drangs dich überheben, wie lange noch?

Sich senkt vor dir der Vorhang tiefer, jemehr du hebst,
Doch immer suchst du ihn zu heben, wie lange noch?

Es wächst die Zahl der Meereswogen, indem du zählst,
Doch immer zählen mußt du eben, wie lange noch?

O komm aus deinen Höh'n herunter! Es rufet hier
Dein Liebchen und das Blut der Reben: wie lange noch?

Sie rufen: Gieb dich uns gefangen, und werde frei!
Genieß', und frage nicht das Leben: wie lange noch?

6.

Flammt empor in euren Höh'n, Morgensonnen, lobt den Herrn!
Rauscht in euren Tiefen auf, Schöpfungsbronnen, lobt den Herrn!

Die ihr, ohne zu verglühn, lang' geflammt vor seinem Blick,
Ohne zu verrinnen, lang' hingeronnen, lobt den Herrn!

Der ein mannichfaltiges Leben schau'n will außer sich;
Alle, die ein Leben ihr habt gewonnen, lobt den Herrn!

Alle Tropfen seiner Huld, die zu Perlen sich geformt,
Funken Lichtes, die zu Gold sind geronnen, lobt den Herrn!

Soviel Halme von dem Tau seiner Gnade trunken sind,
Soviel sich an seinem Strahl Welten sonnen, lobt den Herrn!

Ob vor seinem ew'gen Blick ihr des Lebens raschen Tanz
Jetzt vollendet, oder jetzt habt begonnen, lobt den Herrn!

Blumen, die der Frühling weckt, Garben, die der Sommer dörrt,
Trauben, deren Blut der Herbst preßt in Tonnen, lobt den Herrn!

Raupe, die das Blatt benagt, haftend an dem grünen
Zweig,
Puppe, zur Verwandlung reif eingesponnen, lobt den Herrn!

Schmetterlinge, die ihr noch von dem Duft der Blüten
nascht,
Schmetterlinge, die in's Licht schon zerronnen, lobt den Herrn!

Geister, eingeengt in Nacht, oder aufgeflammt in's Licht,
Herzen, schmeckend Lebenslust, Todeswonnen, lobt den
Herrn!

Die ihr mit dem Flügelschlag glühender Begeistrung strebt,
Oder fördert euer Werk still besonnen, lobt den Herrn!

Lobt den Herrn, deß Lichtgewand auch durch dunkle
Fäden wächst,
Die ein unscheinbarer Fleiß hat gesponnen, lobt den Herrn!

Lobt den Herrn, deß Angesicht lächelnd in den Spiegel
schaut
Auch des Tropfens, der am Halm hängt geronnen, lobt
den Herrn!

Lobt den Herrn, der loben sich gern in allen Sprachen hört,
Die Bedürfnis seines Lobs hat ersonnen, lobt den Herrn!

Ob das Blatt am Zweige rauscht, ob des Menschen
Zunge tönt,
Ob ein Engel höhern Gruß sich ersonnen, lobt den Herrn!

Alle, die ihr euren Gott fühlet, ahnet, denket, schaut,
Die ihr sinnt, was niemals wird ausgesonnen, lobt den
Herrn!

Wenn in des Gemütes Nacht euch sein erster Schimmer brach,
Oder wenn ihr euch im Glanz habt versonnen, lobt den Herrn!

Alle Sinne, die des Sangs Woge schwellet himmelan,
Lobt mit allen rauschenden Schöpfungsbronnen, lobt den Herrn!

Alle Seelen, in der Glut des Gebetes Weihrauch-gleich,
Lobt mit allen brennenden Morgensonnen, lobt den Herrn!

7.

Durch die Himmel jüngst mit Flügelschnelle
Stieg ich, suchend nach des Lichtes Quelle.

Bei dem Monde fragt' ich, und er sagte,
Von der Sonne fließ' ihm zu die Welle.

Zu der Sonne kam ich, forscht', und hörte,
Daß ihr Licht aus höh'rer Sonne quelle.

Und ich hörte von der höhern Sonne,
Daß noch höh'rer Sonnen Strom sie schwelle.

Und es wies mich jede höh're Sonne
Von sich weg zu höh'rer Sonnenschwelle.

Und ich schweifte durch den Glanz, und sahe,
Daß unendlich mich umfloß die Helle;

Bebte, daß mein Kahn an Sonnenklippen
In des Lichtes Ozean zerschelle.

Doch ein Engel, ungesehn im Glanze,
Stand bei mir, und redete: Geselle!

Wohin irrst du? wohin dich verlierst du?
Kein Gestad' hat dieses Meeres Welle.

Eine Woge fließet aus der andern,
Alle fließen aus dem ew'gen Quelle.

Der allgegenwärt'ge Quell des Lichtes
Ist gleich nah und ferne jeder Stelle.

Näher ist er nicht der höchsten Sonne,
Als dir selbst in deines Busens Zelle.

Kehre bei dir selber ein, o Freimund,
Und daß hell dein Haus sei, das bestelle!

8.

O Wieg', aus der die Sonnen steigen, o heiliges Meer!
O Grab, in das die Sonnen neigen, o heiliges Meer!

O du im Duft der Nacht entfaltend den Spiegel, darein
Vom Himmel Luna schaut mit Schweigen, o heiliges Meer!

O du in stillen Mitternächten mit Wogengesang
Einklingend in der Sterne Reigen, o heiliges Meer!

Die Morgen- und die Abendröten erblühen aus dir,
Zwei Rosen deinem Garten eigen, o heiliges Meer!

Atmender Busen Amphitrite's, der nieder und auf
Die Wogen sinken läßt und steigen, o heiliges Meer!

Schoß, mütterlicher, Aphrodite's! gebäre dein Kind,
Um deinen Glanz der Welt zu zeigen, o heiliges Meer!

Spreng' auf den Frühlingskranz der Erde den perlenden
Tau!
Denn alle Perlen sind dein eigen, o heiliges Meer!

Du sammelst alle dir entstammten Najaden der Flur
Zurück zum Nereidenreigen, o heiliges Meer!

Die Schiffe der Gedanken segeln und sinken in dir;
Atlantis ruht in deinem Schweigen, o heiliges Meer!

Der Götterbecher, der gefallen vom hohen Olymp,
Hängt tief an den Korallenzweigen, o heiliges Meer!

Ein Taucher in das Meer der Liebe ist Freimunds
Gesang,
Der deinen Glanz der Welt will zeigen, o heiliges Meer!

Alswie der Mond will ich mit Sehnen mich stürzen
in dich;
Laß mich aus dir als Sonne steigen, o heiliges Meer!

9.

Pan, der Hirte, spielet seine
Flöt' im letzten Abendscheine.

Da verschmelzen alle Stimmen
Der Natur, und werden eine.

Durch die sieben Rohre hauchen
Sieben Himmel im Vereine.

Pan, der Hirte, spielt, und säuselnd
Geht der Schlummer durch die Haine.

Pan, der Hirte, spielt, und alle
Leben schlummern, groß' und kleine.

Wie die Sonn' ihr Aug' geschlossen,
Schließet ihr's die Blum' am Raine.

Dryas schläft in ihren Zweigen,
Oreas in ihrem Steine;

Und Endymion, der ew'ge
Schläfer, schläft in Luna's Scheine.

Pan, der Hirte, spielt, und trunken
Ist die Welt vom Schlummerweine.

Murmelnd ist der Quell entschlafen,
Wach blieb seiner Wellen keine.

Berg verhüllt sein Haupt im Dufte,
Alsob er zu schlafen meine.

Und das Weltmeer atmet leise,
Daß es auch zu schlummern scheine.

Echo schläft, und nur die Liebe
Wacht in Freimunds Brust alleine,

Daß mit ihren Flötetönen
Sie, o Pan, begleite deine.

10.

Wo die glänzenden Zinnen ragen,
Über denen die Sonnen tagen;

An die Pfosten der Ewigkeit, wo
Der Unendlichkeit Wogen schlagen;

Und die Lieb' in der Welten Mitte
Sitzt, vom schwebenden Thron getragen,

Wo, getrieben von ihrem Hauche,
Sphärenwirbel vorüber jagen;

Und die Engel, vorüber schwebend,
Aufzublicken zum Thron nicht wagen:

Dahin ward ich emporgerissen,
Dahin ward ich emporgetragen;

Dahin hat mich emporgehoben
Der Begeisterung Flammenwagen.

Vor der strahlenden Mittelpforte
War der Hüter nicht zu erfragen.

Doch ich selber, zum Eingang strebend,
Wagte pochend daran zu schlagen.

Als die Pforten sich mir eröffnet,
Wollt' ich vor der Erhörung zagen.

Um die irdischen Sinne fühlt' ich
Glanz des Himmels zusammen schlagen;

Und zu Boden zu Engeln sank ich,
Die anbetend verhüllt da lagen.

Doch ich hörte: „Die Binde nehmet!"
Zu den Engeln die Liebe sagen.

„Nehmt, und schlingt ihm die Bind' um's Auge,
Eh' die Glänz' es mit Blindheit schlagen.

Durch die duftige Binde werd' ihm
Lichtes Schärfe zum Wohlbehagen.

Laßt verhüllet ihn schau'n, was Augen
Unverhüllete nicht ertragen!

Ihm, dem schauenden durch die Hüllen,
Wird mein Lächeln sich nicht versagen.

So im dämmernden Duft soll Freimund
Mir am Throne die Saiten schlagen."

Die Weisheit des Brahmanen.

1.

Der beste Edelstein ist der selbst alle schneidet
Die andern, und den Schnitt von keinem andern leidet.

Das beste Menschenherz ist aber, das da litte
Selbst lieber jeden Schnitt, als daß es andre schnitte.

2.

Von einem König wird erzählt, daß im Palast
Er hatte sich gehäuft die größte Bücherlast.

Und zog der König aus, so zogen auf den Pfaden
Hundert und ein Kamel mit Büchern nach beladen.

Da ward er doch gewahr am Ende, daß ihm sei
Beschwerlich auf der Fahrt die große Bücherei.

Und ließ zu besserer Bequemlichkeit beim Reisen
Auszüge machen von hundert und einem Weisen.

Von diesen ward gemacht ein Auszug, den beim Zug
Des Königes gemach ein starkes Maultier trug.

Doch noch bequemer wollt' er haben seine Sachen,
Und aus dem Auszug ließ er einen Auszug machen.

Ein art'ges Büchlein ward nun aus der Maultierbürde,
Das auf der Reise selbst der König trug mit Würde.

Doch immer noch zu sehr belästigte das ihn,
Des Auszugs Auszug ließ er aus noch einmal ziehn.

Da zogen sie ihm aus dem ausgezognen Buch
Den Kern zusammen kurz in einen einz'gen Spruch.

Den faßt' er in's Gemüt, und konnt' ihn leicht behalten,
Um seines Heils danach und seines Reichs zu walten.

Ob ihm dies Heil gelang? Wenn er's nicht ganz vollbracht,
So war's nur, weil er selbst den Auszug nicht gemacht.

Das aber ist gewiß, daß aus dem Bücherwust
Du machen für dein Heil solch einen Auszug mußt.

3.

Den Rosenzweig benagt ein Lämmchen auf der Weide,
Es thut's nur sich zur Lust, es thut's nicht ihm zu Leide.

Dafür hat Rosendorn dem Lämmchen abgezwackt
Ein Flöckchen Wolle nur, es ward davon nicht nackt.

Das Flöckchen hielt der Dorn in scharfen Fingern fest;
Da kam die Nachtigall und wollte bau'n ihr Nest.

Sie sprach: Thu' auf die Hand, und gieb das Flöckchen mir,
Und ist mein Nest gebaut, sing' ich zum Danke dir.

Er gab, sie nahm und baut', und als sie nun gesungen,
Da ist am Rosendorn vor Lust die Ros' entsprungen.

4.

Der Frühling grüßt die Erd' und macht die Hoffnung grün,
Der Liebe Rührung taut, und meine Gräber blühn.

Das liebste was ich hab', ist Gottes Liebesgabe,
Ob ich es nun im Grab', ob ich's im Herzen habe.

Das beste was ich bin, wird immer Gottes bleiben,
Und nur mein Böses muß ich ganz mir selbst zuschreiben.

Versuch' es nur und schreib' es einem andern an,
Du fühlst in dir, dadurch ist dir's nicht ausgethan.

Wer nicht das Rechte weiß, gut ist's, wenn er's nur thut;
Doch wenn er recht es weiß, so ist es doppelt gut.

Wer Böses weiß und thut's, der thut viel Bösres noch;
Doch wer unwissend auch es thut, thut Böses doch.

Gott ist was Gutes ist an jedem guten Triebe,
Der Glanz am Mond, die Blüt' am Baum, in dir die Liebe.

In jedem Geiste, der nicht zagt für's Licht zu kriegen,
Ist sichtbar Gottes Geist zur Welt herabgestiegen.

Wenn er im Kampf erliegt, kehrt er als Sieger heim,
Hier lassend den mit Blut gepflanzten Friedenskeim.

Den Geist mit der Natur sollst du zusammendichten,
Die Erd' in Himmelsglanz verklären, nicht vernichten.

Kehr' auf die Sinnenwelt so deine Thätigkeit,
Daß nicht die Lust an ihr dich mit dir selbst entzweit.

An keinem niedern Stoff laß die Gedanken haften;
Der Sinn vom Gegenstand nimmt an die Eigenschaften.

Betrachte liebend Gott, willst du gottähnlich werden;
Denn das Gemüt nimmt an vom Liebsten die Gebärden.

Doch willst du an der Welt unschuldig dich erbau'n,
Mußt Alles du in Gott und Gott in Allem schau'n.

Und das ist gar nicht schwer; der höchsten Liebe Spur
Im Niedersten zu schau'n, hab' Liebesaugen nur!

Die Liebe siehst du dann, wie dort im Reigen gehn
Der Stern', in Blumen so hier auf den Grüften stehn.

5.

Sieh, wie der Schieferstift auf Schiefertafeln geht,
So daß die graue Schrift auf schwarzem Grunde steht;

Die Tafel und der Stift, sind sie nicht gleichentstammt?
Doch wie ist ihr Beruf verschieden und ihr Amt!

Doch wirken beide, wie sie gleichem Grund entstammen,
Verschieden wirkend, auch zu gleichem Werk zusammen.

Und in der Schrift ist Stift und Tafel nicht zu scheiden;
Das Lamm ist wie die Trift, und eins ist Thun und Leiden.

Du trag', ob du der Stift, ob magst die Tafel sein,
Das Deine bei zur Schrift, daß sie sei schön und fein.

6.

Die heil'ge Brahmastadt, gleich einer Lotosblüte,
In welcher Brahma wohnt, o Mensch, ist dein Gemüte.

Fünf Thore hat die Stadt an ihren Außenwerken,
Das sind die Sinne, die die Welt von außen merken.

Die Fäden des Geruchs, die Fasern der Empfindung
Erhalten mit der Welt den Lotos in Verbindung.

Im Richtweg des Geschmacks, im Schneckengang des Ohres,
Die Brahmamitte bleibt bewußt des offnen Thores.

Am liebsten aber steigt auf seinem Lotosglanz
Der Gott in's Aug' empor und schaut die Schöpfung ganz.

Da wird die Schöpfung hell, vom Lotosglanz betaut,
Und fühlet freudig, daß ihr Schöpfer sie beschaut.

Solang' er innen wacht, wacht außen Welt in Wonne;
Was hier die Sinnen macht, das machet dort die Sonne.

Und hat durch's Aug' er sich die Welt beschaut mit Ruh',
Steigt er in's Herz hinab, und macht die Fenster zu.

Die Lotosblüte schließt sich dann als Schlummermohn,
Und draußen träumt der Mond, und ist benannt davon.

Doch tief im Lotoskelch wird nun vom Schlummer frei,
Die müd' am Tage schlief, die Biene Schwärmerei.

Die schwärmt, den Nektarkelch des Lotos auszukosten,
Und tränk' ihn leer, wenn nicht Besinnung tagt' im Osten.

Und wieder wacht empor der Sinne Städterchor,
Und Lebensnahrung führt er ein durch's offne Thor.

Du schaust dem Treiben zu, und fühlst in stiller Lust
Den, der dies alles lenkt, den Gott in deiner Brust.

Im Bilde zeigt er dir sein ew'ges Wohngefild,
Weil du ihn anders nicht kannst fassen als im Bild.

7.

Sieh, wie das Ährenfeld vom goldnen Abendduft
Befriedigt schweigt, und tief heraus die Wachtel ruft.

Sie ruft: So lange hab' ich euer Feld gehütet,
Nun hüt' ich's euch nicht mehr, denn ich hab' ausgebrütet.

Habt Dank, daß ihr geschont, solang' ich hier gewohnt;
Kommt, erntet nun, und seid von Segen reich belohnt!

Die Ähren nicken drein im letzten Abendschein,
Geerntet wollen sie am nächsten Morgen sein.

Vor einem andern Klang verstummt der Wachtel Sang,
Die Sicheln hämmert man das stille Dorf entlang.

O könnten wir es froh erwarten wie die reifen,
Wenn über Nacht man so wird uns die Sichel schleifen!

8.

Die Poesie ist Gold; ein weniges vom holden
Metall, mit Kunst gedehnt, reicht Welten zu vergolden.

9.

Ein Knabe lernt nur von geliebten Lehrern gerne;
Du aber sei ein Mann, auch von verhaßten lerne!

10.

Der Adler fliegt allein, der Rabe scharenweise;
Gesellschaft braucht der Thor, und Einsamkeit der Weise.

11.

Der Hunger guckt dem Fleiß zuweilen wohl in's Haus,
Allein die Thätigkeit wirft ihn zur Thür hinaus.

12.

Der Siegelring wird nicht in harten Stein sich drücken;
Herz, werde weiches Wachs, soll Gottes Bild dich schmücken.

13.

Vom Übermaß der Lust wird Leid hervorgebracht;
Das Auge selber weint, sobald man heftig lacht.

14.

Wer nicht sein eigner Freund, dein Freund kann der nicht sein;
Auch der nicht, wer nur ist sein eigner Freund allein.

15.

Wo es drei Heller thun, da wende vier nicht an,
Und nicht zwei Worte, wo's mit einem ist gethan.

16.

O brich den Faden nicht der Freundschaft rasch entzwei!
Wird er auch neu geknüpft, ein Knoten bleibt dabei.

17.

Der leere Eimer fällt von selbst im Bronnen nieder,
Doch nicht der volle steigt von selbst zur Höhe wieder.

18.

Aus bittern Meeren zieht die Sonne süßes Wasser,
So zieh' auch Liebe du aus Herzen deiner Hasser.

19.

Wenn über's Haupt einmal mir sollen gehn die Wellen,
Gilt es mir völlig gleich, ob ein' ob hundert Ellen.

20.

An einem Bache steht ein junger Rosenstrauch,
Und wiegt sein blühendes Gezweig im Frühlingshauch.

Die Wurzel streckt er tief, kühl in die Flut hinein,
Und wandelt, was er saugt, in roten Wangenschein.

Und wenn den Purpurglanz abbleichte Sonnenglut,
Die welken Blätter streut er wieder auf die Flut.

Froh sieht er auf der Flut die welken schwimmen nieder,
Und sauget wohlgemut für frische Rosen wieder.

Am Abend flüstern ihm Betrübtes Lüfte vor;
Doch er, in Duft gehüllt, leiht ihnen kaum ein Ohr.

Sie flüstern: Ach, der Bach, der so dich scheint zu laben,
Wird wühlend nach und nach den Grund dir untergraben.

Wohin du frohergötzt wirfst deine Blüten jetzt,
Dahin entsinkest du mit deinem Stamm zuletzt.

Darauf der Strauch im Traum mit süßem Lächelduft:
Wohl blüht des Lebens Baum nur auf des Todes Gruft.

Drum lasset wohlgemut der kühlen Flut mich trinken,
Bis ich werd' in der Flut ertrinken und versinken.

Laßt mich nur blühn, damit, wenn ich hinunter soll,
Hinunter ich im Strom noch schwimme rosenvoll.

21.

Wie Pflanzen aus der Erd', ohn' ihr was abzubrechen,
So gehn Gedanken aus vom Geist, ohn' ihn zu schwächen.

Und wie der Erde Schoß stets neue Triebe treibt,
So auch der Geist in dir, der nie unthätig bleibt.

Wenn du der Stunde dienst, beherrschest du die Zeit;
Wirk' auf den Augenblick! er wirkt in Ewigkeit.

Wo ist der Sonnstrahl hin, der über's Feld gestreifet?
Er hat am Erntekranz der Welt ein Blatt gereifet.

Und alle Rosen blühn noch jetzt im ird'schen Staube
Als Abglanz einer, die geblüht an Edens Laube.

22.

Du sagst: Die Rose blüht, es singt die Nachtigall;
Doch siehst du hundert blühn, hörst hundertfachen Schall.

Doch alle Rosen sind in einer dir verschlungen,
Die Nachtigallen all' in einer Kehl' erklungen.

So fühlt die Poesie in sich ein Dichter ganz,
Und alle Schönheit sieht die Lieb' in Einem Glanz.

23.

Hauch Gottes, Poesie, o komm mich anzuhauchen,
In deinen Rosenduft die kalte Welt zu tauchen.

Was du anlächelst, lacht; was du anblickest, glänzt;
Die Eng' erweitert sich, und Weites wird begrenzt.

Durch dich ist ewig, was im Augenblick geschwunden,
Was ich gelebt, gedacht, genossen und empfunden.

24.

Ich liebe mir ein Lied mehr als ein Trauerspiel;
Mich freut die Lust am Weg', und nicht die Eil' an's Ziel.

Rasch drängt das Trauerspiel dich vorwärts wie die Zeit;
Den Augenblick nur macht das Lied zur Ewigkeit.

25.

Jemehr die Liebe giebt, jemehr empfängt sie wieder;
Darum versiegen nie des echten Dichters Lieder.

Wie sich der Erdschoß nie erschöpft an Lust und Glück;
Denn alles was er giebt, fließt auch in ihn zurück.

26.

Gott ist ein Geist, und kann des Leibes nicht entbehren;
Den Schöpfer fassen nicht reingeist'ger Schöpfung Sphären.

Er schuf, um Halt und Bild der Schöpfung zu verleihn,
Zum Geiste Fleisch und Bein, zum Menschen Pflanz' und Stein.

Alswie gefangen ist die Rose von dem Strauch,
So ist gefangen auch vom Leib des Geistes Hauch.

Dich zu vergeistigen, darfst du dich nicht entleiben;
Wenn du den Stock zerstörst, wo soll die Rose bleiben?

27.

Ein Herzog ward befragt, ob er auch Jagdhund' halte,
Damit des Waidwerks er nach Herzogswürden walte?

Auf eine Tafel wies er hin voll armer Leute,
Die er da speisen ließ: Dies hier ist meine Meute.

Ihr mögt mit euerer nur Hirsch' und Rehe plagen;
Mit meiner hier will ich das Himmelreich erjagen.

Druck von C. H. Schulze & Co. in Gräfenhainichen.

FSC
www.fsc.org
MIX
Papier | Fördert gute Waldnutzung
FSC® C083411

Kolibri 360 GmbH
Ferdinand-Jühlke-Straße 7
99095 Erfurt, Deutschland
produktsicherheit@kolibri360.de